Fatma Zakaria
M. A. Radwan
Hany A. Elazab

Isolamento de telhados com pneus usados retalhados e polímero de baixo custo

Fatma Zakaria
M. A. Radwan
Hany A. Elazab

Isolamento de telhados com pneus usados retalhados e polímero de baixo custo

ScienciaScripts

Cover image: www.ingimage.com

This book is a translation from the original published under ISBN 978-613-9-96410-9.

Publisher:
Sciencia Scripts
is a trademark of
Dodo Books Indian Ocean Ltd. and OmniScriptum S.R.L publishing group

120 High Road, East Finchley, London, N2 9ED, United Kingdom
Str. Armeneasca 28/1, office 1, Chisinau MD-2012, Republic of Moldova, Europe
Printed at: see last page
ISBN: 978-620-5-78195-1

Abstrato

O isolamento térmico é a capacidade do material para prevenir ou reduzir a transferência de calor através do material isolante ou entre o objectivo termicamente contactado. O aumento do efeito estufa leva a um aumento contínuo da temperatura especialmente no Verão, pelo que existe uma investigação contínua que visa encontrar materiais de isolamento mais eficazes e amigos do ambiente. Hoje em dia, é produzida anualmente uma grande quantidade de espuma de poliuretano para ser utilizada como material isolante. A espuma de poliuretano apresenta resultados eficazes de isolamento térmico, mas o preço do poliuretano está a ficar cada dia mais caro no Egipto, devido à subida contínua da moeda forte, uma vez que é importada do estrangeiro. Este artigo visa preparar, conceber e desenvolver um composto eficaz de isolamento térmico baseado em pneus de automóveis usados retalhados. Isto foi feito através da preparação de diferentes proporções de compósito de pneus de automóveis usados retalhados e poliéster, juntamente com pneus de automóveis usados retalhados e poliuretano. Estas placas de isolamento térmico foram caracterizadas pelos seguintes testes, teste de isolamento térmico, teste de compressão, medição de densidade, teste de abrasão para medir o efeito da adição dos pneus de automóvel usados retalhados a estes polímeros. Verificou-se que, o composto de 66,7 wt % espuma de poliuretano e 33,3 wt % pneus de automóvel retalhados era a melhor escolha para ser usado, uma vez que proporciona um isolamento térmico eficiente de valor K de 0,1663 W/m.C. Também tem uma baixa densidade de 0,0313 kg/l. Além disso, a adição de pneus de automóveis usados triturados reduz o custo em 33%. Além disso, a resistência à compressão da espuma de poliuretano foi aumentada com a adição dos pneus de automóveis usados retalhados. Assim, a utilização de materiais baratos, tais como pneus usados triturados, considerados como resíduos indesejáveis, resulta tanto na produção de uma telha de telhado isolante térmico nacional barata com boas características mecânicas, impermeabilizantes e isolantes térmicos, como na resolução de um grave problema ambiental que ocorre para se livrar dos resíduos triturados de pneus de automóveis, pois em alguns casos os pneus estão a ser queimados resultando em poluição atmosférica e causando várias doenças, o que finalmente leva a mais estratégias de gestão de tratamento de resíduos. Finalmente, este composto de isolamento térmico resulta directamente na redução do consumo de energia necessária para os sistemas de arrefecimento e aquecimento no interior dos edifícios.

Tabela de conteúdos

Capítulo 1
Introdução

1.1 Definições

1.1.1 Transferência de calor

Os átomos são os constituintes básicos e mais pequenos de qualquer matéria. Estão em movimento aleatório (vibração, tradução, rotação) o tempo todo. Estes movimentos aleatórios criam energia térmica. Portanto, a energia térmica de qualquer substância é aumentada pelo aumento dos movimentos dos átomos. O valor médio que representa a energia térmica do sistema é a temperatura. Este valor não depende da quantidade de matéria apresentada no sistema. Assim, a temperatura representa a energia média que o sistema tem. O calor ou a energia térmica podem ser transferidos da substância para outra. Existem três tipos de transferência de calor; condução, radiação e convecção.(D. Q. Kern, 1983)

1.1.2 Condução

Na Condução, o calor é transferido entre substâncias directamente ligadas. Alguns materiais transferem o calor rapidamente e em alguns materiais a transferência de calor entre a substância leva mais tempo. Portanto, existem três tipos de materiais de acordo com a sua capacidade de conduzir o calor; condutores, semi-condutores e materiais isolados. Quanto mais rápido o material conduzir o calor, mais condutividade ele é. Quando a substância é aquecida, os átomos ganham energia que leva a aumentar os movimentos de vibração do átomo. Então os átomos chocam com os átomos adjacentes e a energia é transferida através dos átomos com algumas perdas e a energia passa então dos átomos quentes para os mais frios. Geralmente, os metais têm alta condutividade térmica devido à estrutura embalada (D. Q. Kern, 1983)

1.1.3 Convecção

A transferência da energia térmica ocorre das regiões mais quentes para as mais frias através do movimento fluido por convecção. A convecção ocorre em líquidos e gases devido ao aumento de áreas mais quentes para áreas mais frias, uma vez que as áreas mais frias tomam o lugar das áreas mais quentes. Deste movimento resulta um padrão de circulação contínua. O exemplo mais simples desta circulação por convecção é a água a ferver numa frigideira. Da mesma forma, a atmosfera à medida que o ar aquecido pelo sol nasce e o ar frio se põe (D. Q. Kern, 1983)

1.1.4 Radiação

Na radiação, o calor é transferido sem necessidade de um meio ou de um contacto directo entre a fonte de calor e o objecto do dissipador de calor. Por conseguinte, o calor pode ser transferido através do espaço por radiação. A radiação infravermelha é um tipo de radiação eléctrica, onde, nem uma troca de massa nem um meio são necessários. O calor que é transferido do sol é um dos exemplos diários mais familiares de transferência de calor por radiação. O calor do sol é transferido para a terra através de dois tipos de transferência de calor. Primeiro, o calor é transferido do sol para a atmosfera através do espaço por radiação, depois disso, o calor é transferido da atmosfera para a terra por convecção.(Sparrow, 2018)

1.2 Isolamento térmico

A transferência de calor é um dos nossos fenómenos essenciais de sobrevivência em que dependemos todos os dias na cozinha, recebendo o calor do sol e outros usos industriais, mas existem alguns sistemas que são necessários para prevenir ou reduzir a transferência de calor, tais como

1) Alguns sistemas mecânicos

2) Em edifícios

3) Para vestuário

4) No espaço-artesanato, etc.

1.3 Pneus

Os polímeros também podem ser classificados de acordo com as forças moleculares em quatro grupos principais; termoplásticos, termoendurecíveis, fibras e elastómeros. Os polímeros termoplásticos são polímeros lineares que são feitos de polimerização de adição. Podem ser reciclados utilizando calor e pressão, uma vez que são materiais amolecidos por calor. Os polímeros termoplásticos são solúveis nos solventes orgânicos. Polietileno, cloreto de polivinil, poliestireno e polipropileno são todos exemplos de polímeros termoplásticos. Em contraste, os polímeros termoplásticos reiniciam o amolecimento térmico uma vez formados e não podem ser reciclados para terem novamente a mesma função devido à presença de fortes ligações covalentes e reticulação, pelo que tomam a estrutura 3D. Também resistem à deformação mecânica e à dissolução em líquidos, pelo que são utilizados em aplicações adesivas, revestimentos e fabricação de compósitos. Os pneus são polímeros termoendurecíveis, flexíveis, muito fortes e resistentes ao desgaste. Os pneus de automóveis são compostos por vários componentes, mas são compostos principalmente por borrachas sintéticas e naturais. A borracha natural é obtida das árvores Hevea Brasiliensis, que é extraída das cascas das árvores como um líquido viscoso. A borracha natural é então adicionada com uma ordem de ácido I para a solidificar. Por outro lado, a borracha sintética é obtida a partir dos produtos petroquímicos obtidos a partir do petróleo bruto. O negro de fumo é também utilizado no fabrico de pneus, que é um pó fino obtido a partir da combustão incompleta do petróleo bruto. Além disso, os pneus consistem em fio de aço, fibra de nylon, ceras, poliéster juntamente com alguns pigmentos, argilas e sílica. os pneus são feitos de borracha natural elastómero e com baixas forças moleculares e com muito baixa rigidez e rigidez, além de uma extensibilidade e elasticidade excessivas. Portanto, o fabrico de pneus requer processo de vulcanização. processo de vulcanização é adicionar enxofre à borracha e aquecer a mistura de modo a criar ligeiras ligações cruzadas entre as correntes para aumentar a durabilidade e as propriedades mecânicas da borracha natural (Tsang, Yam, & Gates, 2003)

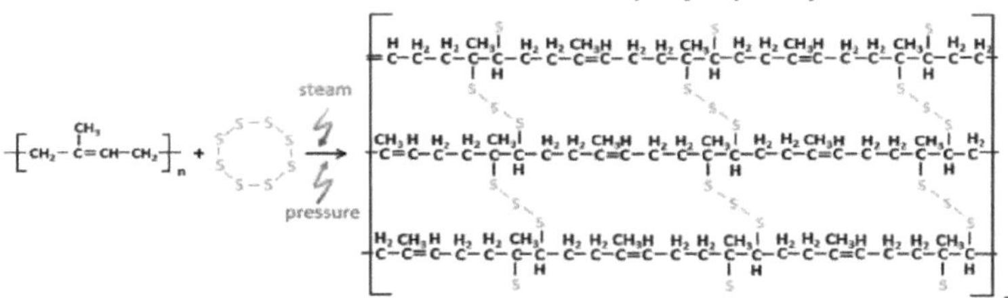

Figura 1-1: Vulcanização de borracha natural

1.4 Declaração de problemas

Como resultado do aumento da procura de sistemas de isolamento térmico devido ao aumento do efeito estufa que leva a um aumento contínuo da temperatura especialmente no Verão, há uma investigação contínua que visa encontrar materiais de isolamento mais eficazes e amigos do ambiente. Hoje em dia, é produzida anualmente uma grande quantidade de espuma de poliuretano para ser utilizada como material isolante. As camadas isolantes da espuma são pulverizadas entre as paredes dos edifícios, o que elimina ou diminui a transferência do calor do ambiente exterior para o interior do edifício. A espuma de poliuretano apresenta resultados eficazes de isolamento térmico, mas o preço do poliuretano está a tornar-se cada vez mais caro, especialmente no Egipto, devido à subida contínua da moeda forte, uma vez que é importada do estrangeiro. Portanto, a utilização de materiais baratos, tais como pneus usados triturados, que também são considerados como material indesejável, resultará tanto na produção de uma telha isolante nacional barata com muito boas características mecânicas, impermeabilizantes e isolantes térmicos, como na resolução de um grave problema ambiental que ocorre para se livrar dos resíduos triturados de pneus de automóveis, pois em alguns casos os pneus estão a ser queimados resultando em poluição atmosférica e causando várias doenças, o que finalmente leva a mais estratégias de gestão de tratamento de resíduos. Além disso, quanto mais eficiente for o isolamento, menor é o consumo de energia necessário para os sistemas de arrefecimento e aquecimento utilizados no interior dos edifícios.

1.5 Objectivos de Investigação

O objectivo deste trabalho de investigação é preparar um composto de isolamento térmico eficiente e barato a partir de resíduos de pneus de automóveis usados retalhados e de poliéster insaturado como polímero barato e caracteriza as propriedades mecânicas juntamente com a resistência à chama após a adição de um agente retardador de chama que acabará com os seguintes benefícios

1) Ter um excelente isolamento térmico que pode ser utilizado nos telhados do edifício.

2) Utilização de materiais económicos para produzir o azulejo.

3) Gestão dos materiais residuais que são produzidos a partir de outras indústrias.

4) Fornecendo tanto isolamento térmico como à prova de água, utilizando o mesmo material que os pneus de automóvel reciclados.

Tomando em consideração os objectivos anteriores, resultará em:

1) Uma redução óbvia nas contas de electricidade como resultado da redução do uso de ar condicionado tanto no Inverno como no Verão. Isto conduzirá directamente a uma redução do efeito estufa, uma vez que os aparelhos de ar condicionado libertam o calor para o ar.

2) Uma diminuição evidente no custo de investimento dos edifícios à medida que o material de isolamento se torna mais barato.

3) Um ambiente muito mais ecológico através da reciclagem dos resíduos que leva a uma maior gestão de resíduos na fábrica em vez de queimar e poluir a terra com os pneus usados e produzir uma telha isoladora de calor a partir dela.

4) Redução da poluição que resulta da queima dos pneus usados para se livrar deles.

1.6 Metodologia de Investigação

1. Comprar as matérias-primas.
2. Conceber um recipiente de fundição adequado para produzir os compósitos de azulejos.
3. Fazer alguns testes preliminares para maximizar a percentagem de pneus de automóvel triturados em pó e minimizar a percentagem de poliéster e espuma de poliuretano.

4. Preparar amostra em branco tanto de espuma de poliuretano puro como de poliéster puro.
5. Medição das características dos compostos de isolamento térmico que são
    a. Propriedades mecânicas
    b. Isolamento térmico
    c. Resistência à abrasão
    d. Impermeabilização da água
6. Estudar a viabilidade de produzir este tipo de isolamento com base em cálculos económicos.

O quadro seguinte demonstra o progresso da investigação ao longo do primeiro semestre e a forma como as tarefas foram distribuídas

Tabela 1- 1: Tarefas realizadas no primeiro semestre

Week	Dates	Tasks accomplished
Week 1	(21/9/2017)	Collecting data and building necessary knowledge about insulation.
Week 2	(28/9/2017)	literature surveying about insulation and using the shredded tires in insulation.
Week 3	(2/10/2017)	Contacting some companies to purchase the shredded automobile tire.
Week 4	(9/10/2017)	Purchasing the grinded shredded automobile tires.
Week 5	(16/10/2017)	Starting the preliminary test with sample of 80% shredded automobile tires and 20% commercial polyester.
Week 6	(23/10/2017)	Preparation a preliminary sample of 70% shredded automobile tires and 30% commercial polyester.
Week 7	(30/10/2017)	Purchasing a flexible type polyester to enhance the mechanical properties.
Week 8	(6/11/2017)	perform some preliminary samples with the flexible polyester.
Week 9	(13/11/2017)	Literature review about the historical background and the progress of the insulations.
Week 10	(20/11/2017)	Literature review about the recycling and the tire recycling.
Week 11	(29/11/2017)	Preparation of a sample of 50 % shredded automobile tires and 50% commercial polyester.
Week 12	(4/12/2017)	Finalizing the progress report of this research paper.

A distribuição de tarefas de trabalho experimental por semana que está planeada para o segundo semestre a ser distribuído como se segue,

Quadro 1- 2: A distribuição semanal do trabalho experimental ao longo do segundo semestre

Week	Dates	Experimental work performed
Week 1	(8/2/2018)	Preparation of a sample of 60 % shredded automobile tires and 40% commercial polyester.
Week 2	(15/2/2018)	Preparation of pure polyurethane sample (as a reference to evaluate the efficiency of the insulation of the polyester and shredded automobile tires composite).
Week 3	(22/2/2018)	Preparation of polyurethane sample using shredded automobile tires as filler.
Week 4	(1/3/2018)	Preparation of a sample of pure commercial polyester.
Week 5	(8/3/2018)	Measurement of thermal conductivity of all the insulation blocks.
Week 6	(15/3/2018)	Measurement of flammability of all the insulation blocks.
Week 7	(22/3/2018)	Preparation of the specimens required for the abrasion test.
Week 8	(29/3/2018)	Mechanical tests are done to the half of the samples.
Week 9	(5/4/2018)	Mechanical tests are done to the other half of the samples.
Week 10	(12/4/2018)	Recording the mechanical properties along with thermal and flammability properties of the samples.
Week 11	(19/4/2018)	Performing an approximate cost analysis.
Week 12	(26/4/2018)	Selecting the optimum design that has the higher thermal insulation properties and acceptable mechanical and flammability properties.

Capítulo 2

Revisão da Literatura

2.1 Antecedentes históricos do isolamento térmico em edifícios

2.1.1 Palha como Isolamento de Telhado

Em épocas antigas, tanto o gesso de lama como a palha eram utilizados como isoladores de construção de paredes para reduzir o calor transferido do exterior. Esta solução era uma solução moderadamente eficiente durante toda a estação do Outono e da Primavera. Por outro lado, o gesso de lama e a palha não isolavam eficazmente o calor durante o Inverno e o Verão, uma vez que a temperatura era muito elevada no Verão e muito fria no Inverno dentro das casas. (Papadopoulos, 2005)

Figura2- 1: Isolamento térmico por palha

2.1.2 Fibra de vidro como isolamento do telhado

A descoberta da fibra de vidro em 1932 faz um avanço no campo dos materiais isolantes térmicos, uma vez que mostra uma elevada propriedade isolante de uma forma que cresceu muito e conduziu aos materiais isolantes térmicos que são usados na construção. embora a fibra de vidro fosse mais eficiente e tornasse as casas mais confortáveis do que o gesso de lama e palha ou quaisquer materiais que eram usados anteriormente no isolamento térmico, tinha alguns inconvenientes. A maior desvantagem da fibra de vidro em geral são as partículas finas de vidro que são libertadas para o ar, o que pode ser uma razão para problemas pulmonares vitais. A fibra de vidro também requer uma manipulação extremamente suave por parte da pessoa durante a instalação, a fim de evitar cortes nas mãos e no corpo. A fibra de vidro também requer um bom sistema de ventilação para assegurar que a formação do molde seja altamente evitada. Eventualmente, formas estranhas complexas de fibra de vidro não podem ser conseguidas devido à dificuldade de corte da fibra de vidro. (Petter & Ab, 2003)

Figura2- 2: Isolamento em fibra de vidro

2.1.3 Lã mineral como isolamento do telhado

A lã mineral é uma combinação de diferentes tipos de vários tipos de isolamentos. Estes isolamentos podem ser de fibra de vidro obtida a partir da borracha reciclada, também pode ser feita de basalto, que é chamado de isolamento de lã de rocha. A lã mineral também pode ser fabricada a partir de fábricas de aço que provém da escória e que se chama lã de escória. Nos estados unidos, o principal tipo utilizado é a lã de escória. O isolamento de lã mineral é comprado como material solto ou em morcegos. Em climas de calor extremo, a lã mineral não é recomendada para ser usada, uma vez que não tem aditivos de agentes retardadores do fogo, o que leva a uma fraca resistência ao fogo, embora não seja material inflamável. Quando é necessário isolar eficazmente grandes áreas em caso de utilização de conjunções com outras, é necessária uma grande quantidade de materiais resistentes ao fogo. O valor da resistência térmica (valor R) da lã mineral varia entre 2,8 e 3,5. (Kaushika & Sumathy, 2003)

Figura2- 3: Isolamento térmico da lã mineral

2.1.4 Celulose como Isolamento de Telhado

Devido aos vários inconvenientes da utilização da fibra de vidro no isolamento térmico, a celulose foi utilizada pela primeira vez como isolante térmico nos anos 50. é um complexo de materiais isolantes antigos, incluindo palha e alguns dos materiais orgânicos utilizados para isolamento que é misturado num enchimento móvel. Embora a celulose não seja tóxica e tenha eliminado os inconvenientes da fibra de vidro, a sua eficiência de isolamento térmico não era elevada. (Hove et al., 2011)

Figura2- 4: Isolamento térmico da celulose

2.1.5 Poliestireno como Isolamento de Telhado

Os isoladores rígidos provaram uma maior eficiência de isolamento. Isto foi descoberto ao fazer camadas de poliéster com diferentes espessuras e medir a eficiência de isolamento térmico e ficou provado que, o poliéster isola mais calor do que os materiais mais antigos utilizados anteriormente para isolamento. Embora esta ideia desse um bom resultado satisfatório de eficiência de isolamento térmico no isolamento de paredes exteriores, não se aplicava ao corte preciso desse isolamento rígido para isolamento interior. (Naskar, Mukherjee, & Mukhopadhyay, 2004)

Figura2- 5: Isolamento de telhado de poliéster expansível

2.1.6 Poliuretano como Isolamento de Telhado

A década de 1970 foi o ponto de viragem no campo do isolamento térmico do edifício. A descoberta da espuma de poliuretano foi o ponto de viragem. Apesar da descoberta das espumas de pulverização ter sido nos anos 40, a utilização das espumas de polietileno no campo do isolamento térmico foi nos anos 70. As espumas de pulverização são utilizadas até hoje com frequência no isolamento. Os dois componentes da espuma de polietileno são injectados separadamente numa máquina misturadora e depois, no final da máquina, num bocal, são misturados e interagem formando a espuma auto-expansível. A natureza química do poliuretano torna-o a solução ideal para os problemas mais difíceis. A propriedade auto-expansível do poliuretano facilita a moldagem em qualquer forma irregular, além de melhorar tanto os produtos de consumo como os industriais. O poliuretano é o produto da reacção entre um poliol, que é uma classe do álcool que tem mais de dois grupos hidroxil, com isocianato polimérico como o diisocianato com catalisador adequado para melhorar e acelerar a reacção juntamente com alguns aditivos. Como resultado dos vários tipos de diisocianato e polióis que podem ser reagidos para produzir espuma de poliuretano, existe uma variedade de tipos de espuma de poliuretano e cada um tem características diferentes que podem ser utilizadas e seleccionadas de acordo com a especificação requerida de diferentes aplicações. (Demiroglu, 2017)

Figura2- 6: Isolamento térmico do poliuretano

As tabelas seguintes mostram as diferenças entre os tipos mais comuns de materiais de isolamento térmico utilizados, o que indica que a eficiência da espuma de poliuretano entre os materiais que têm sido utilizados para isolamento de edifícios.

Quadro 2- 1: Comparação entre os tipos mais comuns de materiais de isolamento térmico utilizados

Type	Installation Methods	R-value per inch (RSI/m)	Raw Materials	Pollution From Manufacture	Indoor Air Quality Impacts	Comments
Cellulose	Loose-fill, wall-spray (damp), dense pack, stabilized	3.6-4.0 (21-26)	Old Newspapers, telephone directories, borates, ammonium sulfate	Negligible	Fibers and chemicals can be irritants	High recycled content and very low embodied energy
Fiberglass	Batts, Loose-fill, semi-rigid board	3.0-4.0 (15-28)	Silica sand, limestone, boron, recycled glass, PF resin or acrylic resin	Formaldehyde emissions and high energy use during manufacture	Fibers can be irritants	High embodied energy
Mineral Wool	Loose-fill, batts, semi-rigid or rigid board	2.8-3.7 (19-26)	Iron ore blast furnace slag, natural rock, PF binder	Formaldehyde emissions and high energy use during manufacture	Fibers can be irritants	High embodied energy; Rigid board can be an excellent foundation drainage and insulator
Cotton	Batts	3.0-3.7 (21-26)	Cotton and polyester mill scraps (especially denim)	Negligible	Considered safe	Two producers, so transportation pollution is higher than other insulation
Closed-cell spray polyurethane foams	Spray-in cavity-fill or spray-on roofing	5.8-6.8 (40-47)	Fossil fuels; HFC-24.5fa blowing agent; non-brominated flame retardant	High energy use during manufacture; global warming potential from HFC blowing agent	Quite toxic during installation (respirators or supplied air required); allow several days of airing out prior to occupancy	Very High embodied Energy
Open-celled, low-density polyurethane foam (Soy)	Spray-in cavity-fill	3.6-3.8 (25-27)	Fossil fuels and soybeans; water as blowing agent; non-brominated flame retardant	High energy use during manufacture	Quite toxic during installation (respirators or supplied air required); allow several days of airing out prior to occupancy	Very High embodied energy

2.1.7 Adição de poliuretano com cinzas

Embora o poliuretano apresente um isolamento suficiente e aceitável, a investigação não parou para esse resultado, foram adicionados novos materiais ao poliuretano para melhorar as propriedades mecânicas e térmicas. Por exemplo, em 2015, foram adicionadas à espuma flexível de poliuretano cinzas volantes obtidas a partir da combustão do carvão e cinzas de madeira obtidas a partir do processo de gaseificação. O estudo mostrou que, o composto da mosca e das cinzas de madeira com o poliuretano flexível aumentava as propriedades mecânicas. A adição das cinzas também reduz a densidade ao lado de uma inibição significativa na degradação térmica do material de isolamento, uma vez que o gás retido no interior das partículas esféricas das cinzas afecta o isolamento térmico. Assim, os resultados obtidos a partir dessa investigação indicam que, tanto as cinzas volantes como as de madeira podem ser consideradas como uma modificação eficiente e bem sucedida a ser adicionada à espuma de poliuretano, uma vez que se provou que ambas são bons modificadores das propriedades térmicas em espumas de poliuretano como cargas com uma proporção de 5% a 15% do composto total de cinzas e espuma de poliuretano. Melhoraram os aspectos económicos da produção ao diminuir a densidade do material, bem como ao diminuir o custo total devido ao baixo custo das cargas. (Hejna et al., 2016)

2.2 Pneus de Automóvel

Os pneus de automóveis são fabricados tanto com borracha natural obtida a partir de látex de algumas plantas como com borracha sintética que é obtida a partir do processamento do petróleo. O principal objectivo no desenvolvimento da borracha sintética é melhorar o desempenho da borracha natural através da melhoria das propriedades mecânicas e físicas. No passado, na América Central e do Sul, as principais utilizações da borracha natural eram a fabricação de bolas, produção de tecidos impermeáveis, sapatos e recipientes pelos povos Pré-Colombianos. Durante o século XVIII, os europeus utilizam a borracha apenas para produzir apagadores de lápis juntamente com as bandas elásticas. No início do século XIX, Charles Goodyear descobriu que a borracha era mais resistente a alguns produtos químicos. Misturou a borracha com alguns pós de modo a tornar a borracha natural mais pegajosa. Em 1839, conseguiu obter o produto óptimo utilizando vapor sob pressão, de 4 a 6 horas a 132° C (Goodyear, 2011). Descobriu-se então a vulcanização que permite produzir pneus utilizando borracha sólida que produz um material forte e altamente resistente tanto à abrasão como ao corte. Mesmo assim, os pneus obtidos por vulcanização eram demasiado pesados e também demasiado rígidos. Como resultado da diminuição da vibração juntamente com a melhoria da tracção, a borracha pneumática foi fabricada por Robert W. Thomson, enchendo a borracha com ar. (Rubberis, 2011).

2.2.1 Peças Básicas de Pneus de Automóveis

A. Cintos de Pneus

A borracha é normalmente revestida com algumas camadas tais como camada de aço, camada de fibra de vidro, camada de rayon, juntamente com outros materiais. Estas camadas encontram-se geralmente entre as estacas e a banda de rodagem, intersectando-se em ângulos que mantêm as lonas no seu lugar. Os cintos também oferecem uma elevada resistência aos furos que também ajudam a manter o piso plano e também a estar em contacto com as estradas.

B. Sipes de Pneus

Os goles são os degraus especiais que se encontram no interior da banda de rodagem. Estão a melhorar muito as tracções em diferentes e difíceis superfícies de estrada tais como estradas arenosas, húmidas, arenosas, ou sujas.

C. Banda de rodagem de pneus

A banda de rodagem é a parte do pneu que está em contacto com a estrada.

D. Ranhuras de Pneus

Os espaços dos sulcos dos pneus, ou por vezes chamados sulcos da banda de rodagem, são os espaços localizados entre quaisquer costelas de banda de rodagem adjacentes. As ranhuras dos pneus permitem que a água escape de forma fácil e eficaz.

E. Ombro de Pneu

Ombro do pneu são as partes exteriores da banda de rodagem que se envolvem na área do flanco.

F. Parede Lateral de Pneus

O flanco protege as telas do cordão, bem como as marcas dos pneus, juntamente com algumas informações como o tamanho e o tipo do pneu.

G. Forro Interno de Pneus

O revestimento interior do pneu é a camada mais profunda do pneu sem câmara que evita que o ar penetre no pneu.

H. Conta de Pneus

As esferas são laçadas de borracha com cabo de aço de alta resistência que permite que o pneu esteja sempre sentado na jante.

I. Carroçarias de Pneus

As Tire Body Plies são o corpo do próprio pneu, é composto por camadas multi-pesadas. Estas lonas podem ser feitas de cordas de poliéster que correm perpendicularmente à banda de rodagem do pneu. São revestidas de borracha para ajudar na colagem das correias e outras telas para selar no ar. As lonas tornam os pneus mais resistentes e também resistem aos danos na estrada.

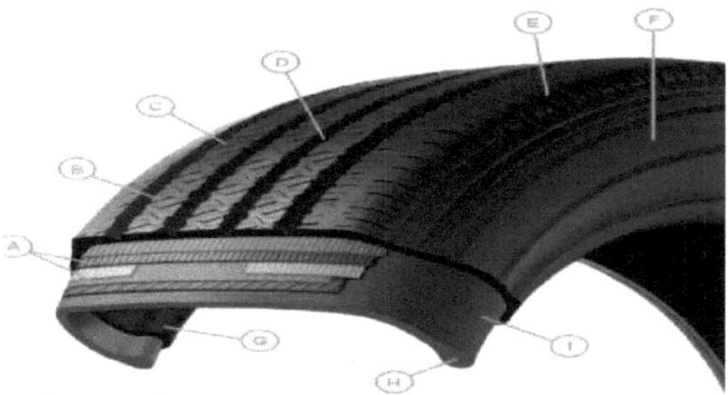

Figura2- 7: Partes dos pneus de automóvel

2.2.2 Reciclagem de Pneus

A reciclagem é considerada como a melhor arma da época para enfrentar o nosso presente juntamente com os problemas futuros. O consumo contínuo dos recursos não degradáveis levanta dois problemas principais. O primeiro problema é a acumulação de mais materiais usados, que é muito difícil de eliminar. Além disso, em alguns casos, livrar-se destes materiais usados cria problemas ambientais. A racionalização do consumo dos materiais e recursos não degradáveis disponíveis é o segundo problema principal. Assim, foram definidos dois conceitos modernos para resolver todos estes problemas, estes dois conceitos são a sustentabilidade das matérias-primas e a gestão dos resíduos. A importância da reciclagem dos fluxos de resíduos não foi considerada como um enorme problema perigoso. Além disso, era difícil reciclar e gerir uma grande quantidade de fluxos de resíduos. O maior problema na questão da gestão dos resíduos era como calcular com precisão as quantidades reais de resíduos que são produzidas a partir de alguma indústria específica. Além disso, descobrir um método eficaz de eliminação ou tratamento eficaz dos materiais residuais era o principal obstáculo que enfrentava a gestão dos resíduos ou a reciclagem das matérias-primas. Um outro problema que enfrentava a reciclagem e a gestão de resíduos era considerar a reciclagem como um ponto de vista económico, negligenciando o seu efeito na saúde humana e tendo um ambiente mais verde. (Shulman,2016)

No passado, o consumidor de pneus não tinha em consideração o problema perigoso de acumular pneus ou mesmo classificá-lo como um problema ambiental perigoso, uma vez que era difícil ter um levantamento estatístico para resumir as quantidades anuais acumuladas a partir dos pneus. Assim, havia reciclagem doméstica para os pneus e as maiores quantidades dos pneus usados eram enviadas para os aterros sanitários. Os pneus usados que não eram enviados para os aterros, espalhados em alguns lados do país, armazenados em armazéns e quintas, formam um local de reprodução para os insectos e insectos. Os grandes países que têm normas ambientais de alto nível para prevenir a poluição enviam os pneus usados para os países que têm má regulamentação ambiental. A produção anual mundial de borracha sintética e natural que é utilizada para produzir pneus de automóveis é de cerca de vinte milhões de toneladas por ano. A União Europeia consome cerca de 20% dessa quantidade, o que significa que o consumo anual de pneus na União Europeia é de cerca de 4.000.000 toneladas aproximadamente. A reciclagem de pneus ou a reciclagem de borracha, como é conhecida, é um processo de reciclagem dos pneus de automóvel usados que é substituído continuamente devido a alguns danos irreparáveis ou como resultado do desgaste mecânico. A reciclagem dos pneus é considerada como a mais desafiante gestão de resíduos sólidos e reciclagem de sólidos devido à sua elasticidade, às suas enormes quantidades volumosas e ao seu grande volume, durabilidade e dificuldade de rompimento. Além disso, os pneus de automóveis têm alguns componentes que ameaçam a saúde humana e poluem o ambiente. Os pneus de automóvel usados são uma casa perfeita para roedores, insectos e mosquitos que transportam um grande número de doenças. De acordo com inquéritos, todos os anos são deitados fora mais de 250.000.000 de pneus de automóvel (Shulman,2016)

2.2.3 Processo de Reciclagem de Pneus

1. Recolha de Pneus Usados ou Desgastados

A primeira etapa de reciclagem é a fase de recolha. Assim, os pneus usados são recolhidos ou pelo governo ou mesmo por empresários. Algumas pessoas são pagas a fim de recolher os pneus usados e depois enviam-nos para alguns pontos de recolha. Após os pneus atingirem o elevado número ou volume, os pneus são então embalados a fim de serem enviados para as fábricas de processamento especializadas para reciclagem.(Turer, 2012)

2. Processamento de Pneus Completos

O processamento dos pneus usados começa essencialmente com a redução do seu tamanho através do corte dos pneus em peças mais pequenas. Esta fase é um passo significativo, uma vez que facilita o manuseamento dos pneus. O corte dos pneus é feito por uma máquina especialmente concebida para o efeito, que tritura os pneus. A máquina trituradora tem dois eixos rotativos opostos que reduzem o tamanho dos pneus a dois centímetros. Neste passo, esse produto final pode, por vezes, ser tomado para ser utilizado em paisagismo. O processamento dos pneus usados emprega um dos dois sistemas seguintes:

- **Sistemas mecânicos**

Os sistemas mecânicos que são utilizados para moer e raspar os pneus usados para serem reduzidos em tamanho com o processo ambiente. Depois de triturados, os pneus usados triturados são peneirados para determinar o tamanho do produto (Turer, 2012)

- **Sistemas criogénicos**

Este sistema arrefece a baixa temperatura os pneus até ao congelamento, o que faz com que as persianas de borracha usada para automóveis tenham tamanhos diferentes. Utilizando nitrogénio líquido, o pneu usado é arrefecido. Os pneus frios tornam-se então extremamente frágeis e são depois enviados para a fábrica de martelos que reduz os tamanhos dos pneus até às pequenas peças. O aço é então removido por ímanes poderosos enquanto as fibras são separadas utilizando classificadores de ar. Eventualmente, os pneus de automóveis usados reciclados podem ser usados em muitas aplicações (Turer, 2012)

3. Fase de Libertação do Aço

Nas etapas anteriores o aço é triturado durante o processamento e é importante que seja separado. Esta etapa significativa contém também a separação das fibras juntamente com a triagem do curso. Os pneus devem conter os arames de aço a fim de aumentar as suas propriedades mecânicas, mas é necessário que sejam separados para serem reciclados individualmente. Os arames de aço são então enviados para uma fábrica de aço a fim de produzir aço. (Turer, 2012)

4. Fase de crivagem e fresagem

Após a separação dos fios de aço, a peneiração torna-se a fase seguinte. Esta fase inclui a observação para garantir que não há contaminações, tais como fios de aço cortados em pedaços. O processo de peneiramento separa os produtos de acordo com a sua granulometria, esta etapa é considerada como medida de qualidade para o processo. (Turer, 2012)

5. Estágio de limpeza

Após a triagem, há uma fase de limpeza. Onde, a borracha que sai da fase de rastreio é passada para ser limpa. A limpeza é feita utilizando água, juntamente com alguma limpeza. Após a fase de limpeza, os pneus são enviados para a fase seguinte, que é a embalagem e o transporte para outras plantas como matéria-prima. Por exemplo, fábricas de calçado ou mesmo fabricantes de relva para parques infantis, para além de outras muitas aplicações de borracha. (Turer, 2012)

2.2.4 Alguns dos Produtos Derivados dos Pneus

Os pneus de automóveis usados têm muitas aplicações. Embora a maioria dos pneus usados desgastados sejam normalmente queimados para combustível, existem algumas aplicações significativas para os pneus usados, como abaixo indicado:

Materiais de Construção

A construção da casa inteira utiliza os pneus inteiros através de uma trinca de pneus e depois arquivados com terra. Depois, é enchida com uma camada de betão que é conhecida como os navios de terra. Os pneus de automóveis usados participam em várias aplicações de engenharia civil, tais como os aterros, ao lado do enchimento de subclasse. Os pneus de automóvel usados podem ser utilizados para pilares de pontes ou ser aplicados no enchimento de paredes. Os pneus de automóveis usados também fazem barreiras para evitar a redução de colisões por exemplo. tapetes de decapagem. (Shulman,2016)

Produtos Usados em Vestuário

Os pneus de automóveis usados são utilizados também em fabricantes de sandálias e em sub-bases de estradas. Os preços dos produtos que têm materiais de reciclagem e o custo de produção baixam muito o preço destes produtos. (Turer, 2012)

Aplicações de Engenharia Civil

Os pneus de automóveis usados triturados têm muitas aplicações na engenharia civil. Por exemplo, os muros de recolha de valas de gás de aterro, a reparação de estradas, ou mesmo o material redutor de vibrações nas linhas ferroviárias. (Turer, 2012)

Borracha moída e migalhas

A borracha moída geralmente referida à borracha de tamanho reduzido é aplicada nos projectos de pavimentação ou mesmo moldada em produtos. Outras aplicações são materiais de pavimentos de borracha, calçadas, tapetes de alcatifa, pavimentos de pátio, lombas de velocidade móvel, tapetes de pára-choques de doca para gado e blocos de travessia ferroviária.

Fonte de carbono

A borracha pode ser utilizada eficazmente como fonte de aquecimento como combustível nas siderurgias em vez de utilizar o coque ou o carvão. De acordo com algum estudo, a utilização de borracha no molde de aço que queima a borracha no furto suave é altamente recomendada para substituir o carvão, uma vez que este é extraído e sujeito a esgotamento. (Shulman,2016)

2.2.5 Impacto no ambiente e na saúde

Preocupações ambientais

Os pneus de automóveis têm tamanhos enormes e têm um metal pesado e um elevado conteúdo em quantidade, os pneus causam elevados problemas de saúde e riscos tanto para o ambiente como para as pessoas. Quando os pneus são colocados nos solos encharcados, é possível que os pneus lixiviem as toxinas para este lençol freático, além de representarem um problema de perigo.

Preocupações de saúde

Os pneus usados que não foram enviados para o aterro, espalhados em alguns lados do país, armazenados em armazéns e quintas, formam um local de reprodução para os insectos e insectos. Este último torna grandes problemas de saúde tanto para a população humana como para a ambiental. Por exemplo, depois das chuvas, a água é recolhida nas partes interiores dos pneus, causando problemas de saúde e médicos. Em vez disso, a outra forma utilizada para se livrar dos pneus usados de automóveis é queimar os pneus usados, levando a uma poluição ambiental grave. Em poucas palavras, a reciclagem de resíduos sólidos, bem como de pneus, é altamente importante para reduzir a poluição ambiental. Os maiores benefícios que resultam da reciclagem dos pneus de automóvel são a redução do espaço dos aterros, reduzindo os produtos químicos tóxicos libertados tanto no solo como no ar. Os pneus de reciclagem também evitam a propagação de doenças que podem ocorrer ao empilhar os pneus para os aterros. (Turer, 2012)

Figura2- 8: Incêndios de pneus e aterro sanitário

2.3 Teste das Propriedades dos Materiais Poliméricos

Os polímeros são utilizados quando são necessárias algumas propriedades mecânicas ou físicas com baixo custo e baixo peso. Os polímeros mostram uma vasta gama de comportamentos de acordo com três parâmetros. O primeiro é o valor do Tm, que é a temperatura de fusão do domínio cristalino apresentado no polímero, e o valor do Tg, que é a temperatura que corresponde à transição do polímero para o estado vítreo e inferior a esta temperatura, a vibração das cadeias é completamente cessada. O segundo factor é o grau de ligação cruzada no polímero. O último factor é o grau de cristalinidade. O grau de cristalinidade depende da regularidade da estrutura, portanto, quanto mais regular a estrutura, maior é o grau de cristalinidade que tem. A cristalinidade do polímero também afectada pelo grau de polimerização, um grau de polimerização mais baixo ajuda mais a fazer com que as cadeias fiquem alinhadas. A taxa de arrefecimento também afecta o grau de cristalinidade, a lenta taxa de arrefecimento aumenta a cristalinidade e o processo de recozimento aumenta ainda mais o grau de cristalinidade. Se o polímero tiver algum grau de flexibilidade ou força secundária forte e algum grau de compactação das cadeias do polímero, então espera-se que o grau de cristalinidade seja directamente elevado, levando a boas propriedades mecânicas. Em conclusão, a baixa resistência e o alto grau de extensibilidade é alcançado pelo polímero que tem baixo Tg e Tm com baixo grau de ligação cruzada e de cristalinidade. Vice-versa, alta resistência e alto grau de extensibilidade é alcançado por polímero que tem alto Tg e Tm com alto grau de ligação cruzada e de cristalinidade. Eventualmente, as propriedades de cada amostra de polímero podem ser medidas separadamente através dos seguintes testes. (Hutmacher et al., 2001)

2.3.1 Ensaios mecânicos

Os testes mecânicos determinam o desempenho das amostras com várias condições de carga. Existem quatro classificações principais dos ensaios mecânicos: estático, transitório, de impacto e cíclico. Em estático, a amostra neste ensaio é deformada, tosquiada e comprimida durante uma taxa constante e a resposta de força a essas três deformações. Este ensaio fornece a caracterização das propriedades mecânicas como termos denominados alongamento à falha, módulo e resistência. No ensaio transiente, a amostra é submetida a uma carga de tensão durante um longo período de tempo sob temperatura constante, o que leva a um aumento do comprimento da amostra. O ensaio de impacto mede a energia necessária para que a amostra falhe sob várias cargas. O ensaio de impacto tem dois tipos: o primeiro chama-se impacto pendular, enquanto o segundo se chama impacto de queda de peso. Finalmente, o teste cíclico mede o número de ciclos que a amostra leva para falhar. A tensão aplicada à amostra pode ser mecânica ou térmica. (Anglin, Wyss, & Pichora, 2000)

2.3.1.1 Teste de Compressão

O teste de compressão é um teste estático em que o material testado experimenta forças opostas que o empurram para dentro do material em direcções opostas, sendo então o material comprimido, esmagado, ou esmagado. A amostra é normalmente colocada entre as duas placas, o que resulta na distribuição da carga que é aplicada ao longo de toda a superfície da amostra. Em seguida, as duas placas são empurradas através do teste da máquina universal. Isto faz com que a amostra seja achatada. o material comprimido é geralmente reduzido no tamanho a partir da direcção onde a força é aplicada no outro lado o material aumenta no tamanho dentro da direcção que é perpendicular à força aplicada. O teste de compressão é basicamente o oposto ao teste de tensão mais comum. (Petter & Ab, 2015)

2.3.1.2 Objectivo do Teste de Compressão

O objectivo do teste de compressão é a determinação da resposta ou do comportamento do material testado durante a experiência da carga compressiva através da medição das variáveis fundamentais, tais como, deformação, deformação e tensão. Através do teste do material no teste de compressão, também podem ser determinados a resistência à compressão, a resistência final, o módulo elástico, a resistência ao escoamento, o limite elástico, bem como o módulo elástico ao lado de alguns outros parâmetros. Através de uma boa compreensão dos vários parâmetros juntamente com outros valores que acompanham a amostra de material específico, é então possível determinar o quão adequado o material deve ser aplicado nas aplicações específicas ou se o material pode ser falhado sob estas tensões especificadas. (Petter & Ab, 2015)

2.3.1.3 Tipos de materiais de Teste de Compressão

Geralmente, o teste de compressão do material inclui duas forças opostas ou mais directamente uma à outra e são aplicadas a uma face oposta à mesma amostra testada, portanto, o material é comprimido. No entanto, existem muitas variações diferentes em relação à configuração do teste que envolvem cada combinação das diferentes variáveis. Os testes de compressão mais comuns incluem forças aplicadas em vários eixos da amostra e ao longo de diferentes intervalos de temperaturas da amostra para testar o efeito da temperatura sobre a tensão de compressão da amostra, portanto, o teste é feito sob alta e baixa temperatura. Em conclusão, os diferentes tipos do teste de compressão são a temperatura fria uniaxial, biaxial, triaxial, fadiga e temperatura elevada de fluência. (Petter & Ab, 2015)

2.3.1.4 Tipos de materiais de Teste de Compressão

Em geral, os materiais que são expostos ao teste de compressão devem ter um valor de resistência à compressão e normalmente também é aceite que tenham este valor elevado e, por outro lado, estes materiais têm uma resistência à tracção mais baixa que a resistência à compressão. Praticamente muitos materiais podem ser submetidos a forças compressivas dependendo da aplicação que irão funcionar, no entanto, os materiais mais comuns são madeira, argamassas, betões, tijolos, compósitos, espuma, polímeros, metais, pedra, argamassas e plásticos. (Petter &, 2015)

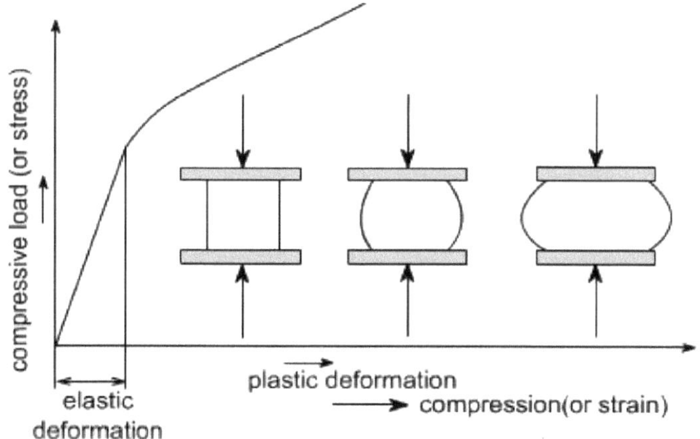

Figura2- 9: Teste de curva de tensão de compressão

2.3.2 Teste de Resistência Térmica

2.3.2.1 Factor K

O isolamento térmico é a capacidade do material para prevenir ou reduzir a transferência de calor através do material isolante ou entre o objectivo termicamente contactado. O desempenho do isolamento térmico é definido por três parâmetros. O primeiro parâmetro é o factor K que mede a capacidade de qualquer material para conduzir o calor, por isso, é chamado factor de condutividade térmica. Todos os materiais condutores térmicos como os metais têm um elevado valor de condutividade térmica enquanto que os materiais isolantes têm um valor de condutividade térmica inferior a um. Quanto mais baixo for o valor de K, mais eficiente é o material isolante. O factor de condutividade térmica (K) é definido como a energia térmica que pode passar dentro de um quadrado de um metro através de uma espessura de material de uma polegada durante um tempo igual a uma hora. Assim, as unidades do coeficiente de condutividade térmica (factor K) é BTU-in/hr-ft^2 -°F. (Anglin et al., 2000)

2.3.2.2 Factor C

O segundo parâmetro de medição da transferência de calor através de materiais chama-se Factor de Condutância Térmica (factor C) que tem uma unidade de BTU/(hr.ft.°F). O factor C indica a quantidade de calor que pode ser transferida através de um pé a partir deste material. Em contraste com o factor K, quanto menor o valor do factor C que o material tem, pior o isolamento que proporciona. Além disso, o factor C depende da espessura do material, enquanto que o factor K é independente da espessura do material. Portanto, o aumento da espessura do material reduz o valor do factor C, o que leva a um melhor isolamento. O factor C pode ser obtido a partir da equação; C = factor K/ espessura (em polegadas). (Anglin et al., 2000)

2.3.2.3 Factor R

O terceiro parâmetro de medição da transferência de calor através de materiais chama-se Factor de Resistência Térmica (Factor R) que tem uma unidade de hr.ft^2 .°F/Btu. O factor R é normalmente utilizado na aplicação de isolamento térmico, uma vez que mede a capacidade dos materiais de impedir a transferência de calor através dele. Assim, quanto mais eficiente for o isolante, maior será o valor do factor R que possui. (Anglin et al., 2000) O factor R está relacionado tanto com factores K e C como se pudesse ser obtido a partir das seguintes equações; R = espessura (em polegadas)/valor K enquanto que R = 1/C-factor.

2.3.2.4 Medição da Condutividade Térmica do Isolamento

As placas de aquecimento protegidas juntamente com os medidores de fluxo térmico são os aparelhos mais comuns que são utilizados na medição da condutividade térmica especialmente para materiais isolantes, para além de materiais de fraca condução térmica. Uma amostra do material é recolhida e colocada isotermicamente entre a placa fria e a placa quente, enquanto os dispositivos que fazem um gradiente de temperatura através do material num fluxo de calor em estado estável. Para evitar tanto quanto possível as perdas de calor, são utilizadas protecções térmicas adicionais a fim de evitar tanto a perda como o ganho da placa aquecida ou mesmo da amostra. A potência necessária para ter ou fazer um gradiente de temperatura é directamente proporcional à capacidade do material de conduzir calor. (Petter & Ab, 2015)

Na medição de um material de isolamento, um baixo fluxo de calor envolvido indica que a amostra juntamente com as placas requer um elevado grau de isolamento térmico, do ambiente. Além disso, existem alguns problemas que estão representados na homogeneidade do material, nos efeitos de espessura, resultantes da transferência do calor através da radiação, e no teor de humidade da amostra. (Petter & Ab, 2015)

Embora o ensaio meça apenas a condutividade térmica, há quatro parâmetros principais que são afectados por esta medição. A espessura da amostra, a área da amostra, o refluxo de calor e a queda de pressão estão todos consequentemente relacionados com os cálculos da condutividade térmica. Portanto, qualquer erro ou incerteza que tenha ocorrido no parâmetro acima mencionado resulta no aumento da incerteza da condutividade térmica global. Assim, é preferível medir a condutividade do isolamento térmico à temperatura ambiente e ter uma gama de incerteza nos laboratórios nacionais a incerteza é frequentemente considerada como ± 1%, mas os laboratórios acreditados aumentam a incerteza até ± 3%. O tipo do material em relação à sua condutividade, determina o valor da incerteza, uma vez que para testar a condutividade térmica de materiais altamente condutores dentro de uma temperatura ambiente elevada, a incerteza é considerada como ± 5%. (Kaushika & Sumathy, 2003)

2.3.3 Teste de Abrasão

A abrasão é a remoção das superfícies do material devido a arranhões. É uma das importantes propriedades mecânicas dos materiais que estão expostos a riscos ou desgaste. A resistência à abrasão pode ser testada e os resultados do teste são dados pela taxa de abrasão e pelo índice de resistência à abrasão. O teste mede normalmente as perdas de massa durante um ciclo de 1000 ciclos de abrasão. Esta taxa de abrasão pode ser referenciada a um resultado de teste de abrasão padrão conhecido para um material específico sob as mesmas condições de teste e ser índice de resistência à abrasão. O teste de abrasão é feito apenas a materiais sólidos, pelo que o teste pode ser usado para compósitos, metais, cerâmica ou mesmo para as camadas de revestimento de algum equipamento e material. O dispositivo de teste de abrasão é chamado de esfregador de abrasão que tem um braço mecânico juntamente com alguns circuitos electrónicos e uma bomba de líquidos. Uma lixa ou um pino ou escova metálica, etc., pode ser utilizada para riscar a superfície. Para testes controlados pode ser seleccionado o número de ciclos de abrasão. (Bardana, 2003)

2.3.4 Teste de inflamabilidade

O processo de combustão do plástico está dividido em seis fases principais. A fase de combustão é chamada de fase térmica primária. Nesta fase, os materiais plásticos sofrem um aumento da temperatura como resultado da obtenção do calor da fonte de ignição. A segunda fase é chamada de fase química primária. Nesta fase, o plástico inicia a degradação e forma os radicais livres. A terceira fase chama-se fase de decomposição do polímero. Nesta fase, o plástico está a decompor-se e começa a formar componentes de peso molecular inferior e o produto nesta fase é principalmente gás combustível e componentes líquidos. A quarta etapa é a fase de ignição onde o gás combustível e as substâncias líquidas começam a combustão na presença da fonte de ignição juntamente com uma quantidade suficiente de oxigénio. A quinta etapa é a combustão em que o gás combustível faz a combustão na superfície do material plástico. A última etapa é a propagação da chama que produz fumo juntamente com alguns gases tóxicos. A resposta dos materiais é diferente de acordo com os seus tipos. Por exemplo, os termoplásticos a alta temperatura amolecem e fluem antes da ignição, enquanto os materiais termoendurecíveis não amolecem nem fluem, mas inflamam-se e decompõem-se. (Rogers &

Fruzzetti, 2007).

O UL 94 é um dos testes padrão que fornece procedimentos para testes à escala de laboratório para testar a aceitabilidade da inflamabilidade dos materiais plásticos. A amostra é exposta a uma chama e a duração da mesma após o período de inflamação, juntamente com o período de pós-brilho após a remoção da chama, para além de medir a ignição do algodão através do gotejamento de algumas partículas da amostra testada.

Figura2- 10: UL 94 CABINET

Neste teste, o comprimento da amostra é de 125 mm com 13 mm de largura. A amostra é pinçada, e uma fina camada de algodão é ajustada para 300 mm sob a amostra, a fim de recolher as partes fundidas da amostra. A chama utilizada é de um queimador de metano que produz uma chama de 20 mm de comprimento. A chama deve ser ajustada para estar no centro do espécime. O material é exposto ao material até 10 segundos e o tempo da duração da chama da amostra deve ser medido. De acordo com esse tempo, a inflamabilidade dos materiais é medida. (Huges, 2005)

2.4 A estrutura química e as propriedades dos materiais utilizados na investigação

2.4.1 Poliésteres

- Nomenclatura científica: Politereftalato de etileno (PET).
- Tipo do polímero: Pode ser termoplástico ou **termoplástico, de acordo com o** processo de fabrico.
- Estrutura química:

$$\left[-O-C(=O)-C_6H_4-C(=O)-O-CH_2-CH_2- \right]_n$$

Figura2- 11: Estrutura química de poliéster

O poliéster é formado a partir da reacção de diol com ácido dicarboxílico. o poliéster é sinificado com o seu grupo funcional que é "éster":

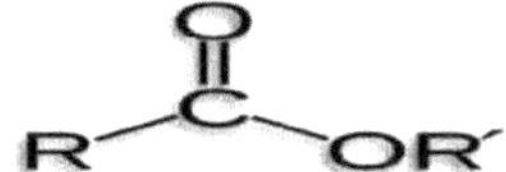

Figura2- 12: Grupo funcional ésteres

Os poliésteres são normalmente utilizados para fins de embalagem, incluindo **vestuário**, embalagens de alimentos, etc. Os poliésteres são hidrofóbicos, muito resistentes, duráveis e podem ser facilmente lavados. Os poliésteres não transmitem eficazmente o calor, portanto, são utilizados em aplicações de isolamento, tais como a fabricação de fibras ocas. O poliéster pode ser de plástico flexível ou rígido que é controlado pela escolha do tipo de diol ou poliol e o tipo de ácido carboxílico usado juntamente com o grau de reticulação. O poliéster comercial é frequentemente constituído por dietilenoglicol, ácido adípico e anidrido ftálico como ácidos saturados, e finalmente ácido maleico, a fim de criar alguns pontos de reticulação, uma vez que é ácido insaturado. (Terada et al., 2008)

2.4.2 Espuma de poliuretano

- Nomenclatura científica: Espuma de poliuretano
- Tipo do polímero: Polímero Termoconvertível
- Estrutura química:

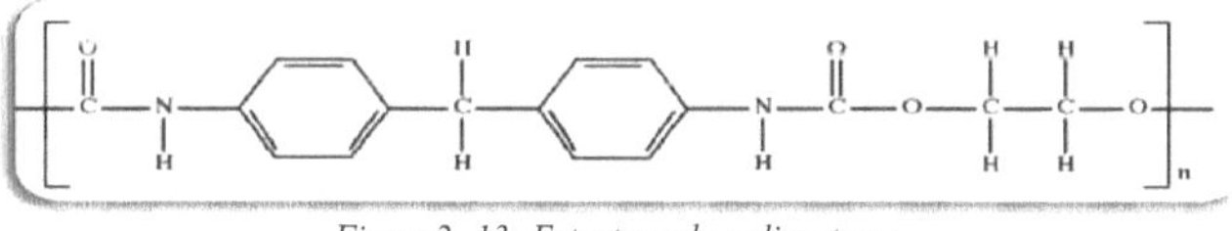

Figura2- 13: Estrutura do poliuretano

O poliuretano é formado a partir da reacção de dióis e diisocianato que resulta na formação do grupo uretano:

Figura2- 14: Grupo funcional Urethane

O poliuretano tem muitas aplicações, uma vez que é utilizado no fabrico de assentos de espuma rígida, pneus de elastómero, em embalagens, em protecções, etc. O poliuretano isola eficazmente o calor uma vez que tem valores de K de 0,026 **W/m°**.C. Portanto, o poliuretano é utilizado em painéis isolantes e em isolamentos térmicos de edifícios. (Hejna et al., 2016)

2.4.3 Pneu de Automóvel

Os pneus de automóvel são um polímero termoendurecido que é flexível, muito forte, e resiste ao desgaste. Os pneus de automóvel são compostos por vários componentes, mas são compostos principalmente por borrachas sintéticas e naturais. A borracha natural é obtida das árvores Hevea Brasiliensis, que é extraída das cascas das árvores como um líquido viscoso. A borracha natural é então adicionada com uma ordem de ácido I para a solidificar. Por outro lado, a borracha sintética é obtida a partir dos produtos petroquímicos obtidos a partir do petróleo bruto. O negro de fumo é também utilizado no fabrico de pneus, que é um pó fino obtido a partir da combustão incompleta do petróleo bruto. Além disso, os pneus consistem em fio de aço, fibra de nylon, ceras, poliéster juntamente com alguns pigmentos, argilas e sílica. (Parres et al., 2009)

Tabela 2- 2: Componentes típicos dos pneus de automóveis

Natural Rubber	44%
Nylon Tire Cord Fabric	19%
Carbon Black	12%
Rubber Chemicals	5%
Butyl Rubber	4%
PBR	5%
SBR	5%
Others	6%

2.5 Economia dos Materiais

2.5.1 Poliéster

O poliéster é o produto da mistura da resina de poliéster com o **iniciador** e o activador. A imagem seguinte indica a forma do poliéster que é semissólido viscus líquido antes da cura e solidificação.

Figura 2-15: Resina de poliéster

A produção anual do poliéster é altamente aumentada anualmente, porque **os usos do poliéster são** aumentados para **numerosas novas indústrias. O** gráfico de barras **demonstra o** crescimento da taxa de produção entre 1990 e 2010.

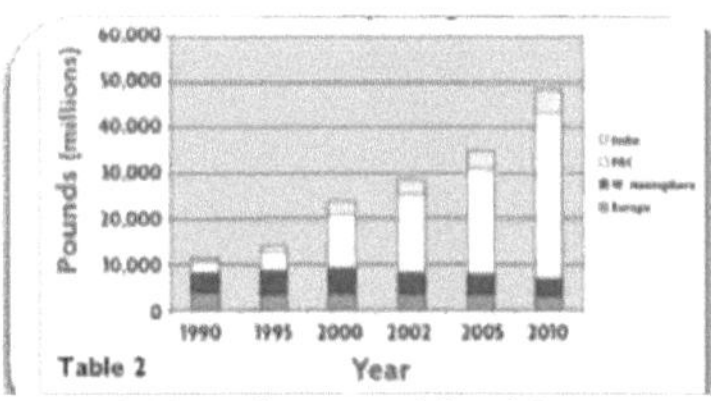

Figura 2-16: Produção anual de poliéster

A procura dos poliésteres insaturados deve-se à sua utilização em algumas indústrias, tais como reforços plásticos, embalagens alimentares, cordas, etc. Esta procura tem aumentado significativamente na China e depois na América, seguida da Europa. O consumo de poliéster é amplamente indicado no mundo da tarte que se segue. (Danilchenko, 2016)

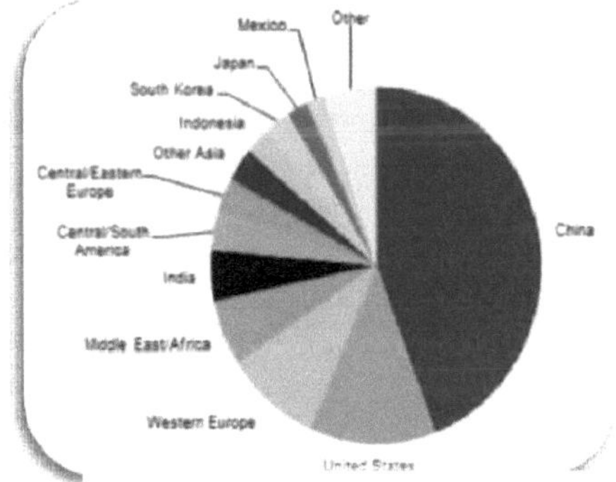

Figura 2-17: Consumo mundial de poliéster

2.5.2 Espuma de poliuretano

A produção global anual de espuma de poliuretano foi aumentada para 18.000 toneladas em 2016 em comparação com 14.000 toneladas em 2010. A principal procura do poliuretano como isolamento eléctrico e térmico, na China, EUA e Europa Ocidental são considerados como os países que mais consomem a espuma de poliuretano. O gráfico seguinte ilustra **o** consumo de espuma de poliuretano com base em diferentes regiões do mundo. (Mansaray, 2016).

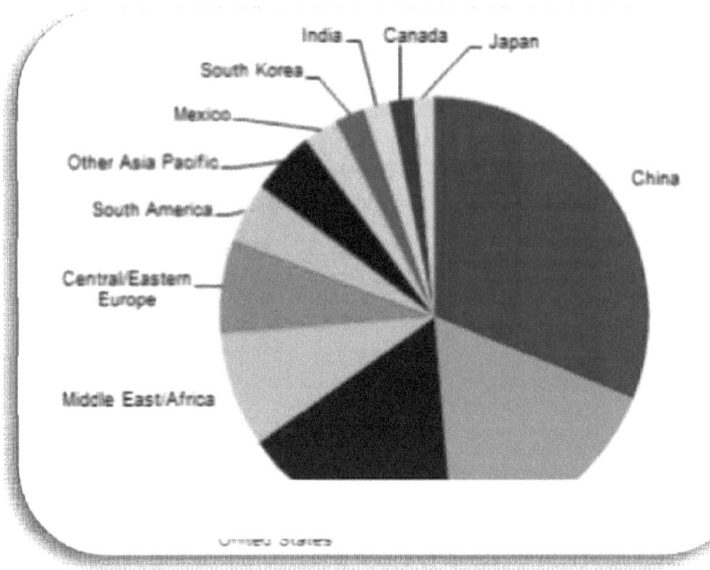

Figura 2- 18: Consumo mundial de espuma de poliuretano

2.6.4 Pneus de Automóveis

Cerca de duzentos milhões de **pneus** são substituídos anualmente nos Estados Unidos. A média dos pneus do veículo de passageiros é de cerca de dez quilos gramas, enquanto que os pneus do camião ligeiro pesam cerca de 16 quilos, além disso, os pneus do camião grande pesam cerca de 50 quilos. Consequentemente, quatro mil milhões de quilos de pneus usados retalhados podem ser produzidos anualmente nos EUA aproximadamente (Brwon, 2006). O preço de venda de pneus de automóvel usados retalhados no Egipto é de 2 a 3 libras por um kg.

Capítulo 3

Trabalho experimental

3.1 Preparação de materiais

3.1.1 Poliéster

O poliéster pode geralmente ser preparado através da adição de 2,5 wt% do iniciador juntamente com a adição de 2,5 wt% do activador. É muito importante não adicionar o iniciador com o activador ao mesmo tempo, porque isto fará uma EXPLOSÃO. Por conseguinte, é obrigatório adicionar a quantidade apropriada do activador à amostra de poliéster seguida de uma boa agitação, após o que o activador pode ser adicionado à mistura em segurança. Depois de misturado correctamente o poliéster com o iniciador e o activador, a mistura é vertida ao molde, e depois a mistura é deixada para curar. O tempo de cura pode variar de minutos até 4 dias, de acordo com as quantidades do iniciador e do activador. Quantidades mais elevadas do iniciador e do activador conduzem a uma diminuição do tempo de cura. O poliéster curado pode então ser utilizado em muitas aplicações relacionadas com a fabricação de pinturas, formas decorativas, revestimentos, etc.

Algumas Precauções de Segurança Importantes:

1) NÃO TENTEM de adicionar o iniciador directamente ao activador, uma vez que a EXPLOSÃO ocorrerá imediatamente.

2) Todas as etapas de preparação têm de ser realizadas dentro de um local bem ventilado.

3) Todas as roupas de protecção devem ser usadas durante todo o tempo da preparação, incluindo casaco, luvas, máscara de fumos juntamente com os óculos de protecção ocular

4) Não é permitido fumar, beber e comer durante a preparação.

5) Caso haja um contacto directo do químico com a pele, lavar imediatamente a pele com grandes quantidades de água de forma adequada.

6) Consultar imediatamente o médico se houver um salpico directo do químico nos olhos.

3.1.2 Espuma de poliuretano

O poliuretano é formado a partir da reacção de mistura de volumes iguais de dióis e diisocianato, o que resulta na formação do grupo **uretano.** A mistura resultante começa a ser expandida devido à libertação de gás da mistura e, após uma hora, será completamente rígida. O poliuretano tem muitas aplicações, uma vez que é utilizado no fabrico de assentos de espuma rígida, pneus de elastómero, isolamento térmico, almofadas, **em** embalagens, em protecções, etc.

Algumas Precauções de Segurança Importantes:

1) Não tocar na espuma de poliuretano em expansão antes da secagem completa, pois isto leva a queimaduras suaves na pele.

2) Todas as etapas de preparação têm de ser realizadas dentro de um local bem ventilado.

3) Todas as roupas de protecção devem ser usadas durante todo o tempo da preparação, incluindo o casaco, luvas, máscara de fumos juntamente com os óculos de protecção ocular.

4) Não é permitido fumar, beber e comer durante a preparação.

5) Caso haja um contacto directo do químico com a pele, lavar imediatamente a pele com grandes quantidades de água de forma adequada.

6) Consultar imediatamente o médico se houver um salpico directo do químico nos olhos.

Figura 3- 1: Espuma de poliuretano

3.13 Pneus para automóveis

Os pneus de automóveis de carbono usados são moídos utilizando alguns moinhos até ficarem em forma de pó fino. Este pó de pneu de automóvel de carbono usado é altamente poeirento e tem uma densidade muito baixa. Os pneus de automóveis de carbono usados têm uma alta quantidade de negro de fumo e esta é a razão pela qual têm uma forte cor negra escura. Pode ser adquirido em algumas oficinas localizadas nas zonas industriais.

Figura 3- 2: pneu de automóvel usado desfiado

Precauções de segurança:

1) Utilizar o pó de pneus de automóveis usados triturados dentro de um local bem ventilado.

2) Todas as roupas de protecção mm devem ser usadas durante todo o tempo da pré-preparação incluindo casaco, luvas, máscara de fumos com óculos de protecção para os olhos

3) Manter distância suficiente entre o nariz/boca e os pneus de automóvel usados em pedaços.

4) Não é permitido fumar, beber e comer durante a utilização do pó.

5) Os pneus de automóveis usados retalhados não têm perigo se em caso de contacto com a **pele**, basta lavar suavemente a pele com água e sabão após o contacto propriamente dito.

6) Consultar **imediatamente** o médico se houver um salpico directo do químico nos olhos.

*3.1.3 Vaselina (**Vaselina**)*

Figura 3- 3: Vaselina de petróleo

O petrolato branco **que** é o outro **nome da** vaselina **é uma** cera de **parafina** de textura semi-sólida **que** consiste numa mistura de hidrocarbonetos. **Tem** uma vasta gama **de aplicações e utilizações** em cosméticos, uma vez que hidrata comichão **e** peles secas. A vaselina tem outras aplicações, uma vez que faz uma camada isolante que evita as **fugas** esperadas, além de evitar a aderência **em** caso **de** aplicação de muitas camadas. Além disso, a Vaselina é inofensiva, também é boa para a pele, mas evita qualquer ingestão.

3.2 Aparelhos utilizados

3.2.1 Copos

Os copos são considerados como peças de vidro de laboratório essenciais e são tabelados sob o nome de "recipientes de vidro". São utilizados apropriadamente na medição dos volumes de líquidos, e em algumas aplicações utilizadas para mistura ou aquecimento. São feitos de vidro que deve ser inerte para solventes, tais como ácidos básicos, ou outros produtos químicos.

Figura 3- 4: Copos

Têm uma vasta gama de tamanhos ou volumes para lidar com diferentes capacidades. (Thermo-Fisher Scientific, 2012)

3.2.2 Varas de vidro

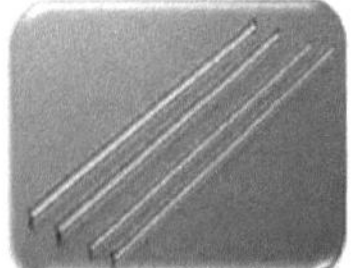

Figura 3- 5:Barras de vidro

As varetas de agitação, ou as varetas de vidro, são um equipamento que é utilizado para misturar fluidos ou líquidos para atingir alguns fins analíticos. Os varões de vidro são feitos de vidro com pequena espessura de apenas alguns milímetros que devem ser inertes para solventes, tais como ácidos básicos, ou os outros produtos químicos. (ThermoFisher Scientific, 2012)

3.2.3 Cilindros de medição

Os cilindros de medição são tabulados sob a categoria de "artigos de vidro volumétrico". Os cilindros de medição são utilizados na medição de volumes de amostras. Têm de ser calibrados antes de serem utilizados, tal como indicado pelas normas universais, e devem ter margens de erro toleradas aceitáveis. São considerados como o método mais exacto na medição de volumes. São **feitos de vidro com pequena espessura** de apenas alguns **milímetros que** devem **ser inertes** para solventes, tais como ácidos básicos**, ou outros** produtos químicos. Os cilindros de medição podem ser obtidos com uma vasta gama de capacidades de volume. (Thermo-Fisher **Scientific,** 2012)

Figura 3- 6: Cilindro de medição

3.2.4 Petri-dishes

Petri-dishes tomou o seu nome **em homenagem a Richard Petri**, que era **bacteriologista** alemão. Os **petri-dishes** são recipientes de vidro que **tomam** a **forma** de **cilindro** com uma profundidade pouco profunda. Podem **ser** utilizados **para** fazer testes a materiais especificados ou são **utilizados noutros** tempos como **molde. (Thermo-Fisher** Scientific, 2012)

3.2.5 Espátula

Figura 3- 7: Pratos de Petri

Figura 3- 8: Espátula

A espátula é **um pequeno instrumento** feito de aço inoxidável que é utilizado para transferir os **materiais** em pó juntamente com a aplicação de pastas químicas. A espátula também é utilizada para raspagem**.** Devem ser resistentes a quase todos **os** químicos e também resistir ao calor (**Thermo-Fisher** Scientific, 2012)

3.3 **Procedimento** Experimental

3.3.1 Preparação de espuma de **poliuretano**

1. **Limpar correctamente** o **molde**, **depois aplicar** quantidades adequadas da vaselina **para** facilitar a **remoção do** poliuretano **do molde.**

2. **Lavar** os **cilindros** de **medição e deixá-los secar** completamente.

3. Deitar 20 ml de di-isocianato **num** dos cilindros de **medição.**

4. Deitar 20ml de diol no segundo cilindro de medição.

5. O conteúdo retirado de ambos os cilindros de medição verteu instantaneamente para o molde.

6. Continuar a misturar suavemente com vareta de vidro

7. Deixar a espuma de poliuretano ser expandida e seca no molde durante 15 minutos.

8. Remover a espuma de poliuretano utilizando espátula do molde.

3.3.2 Preparação de Espuma de Poliuretano e Pneus de Automóvel Desfiados (66,7 wt % Espuma de Poliuretano e 33,3 wt % Pneus de Automóvel Desfiados)

1. Limpar correctamente o molde, depois aplicar quantidades adequadas da vaselina para facilitar a remoção do poliuretano do molde.

2. Lavar três copos de 250 ml e deixá-los secar completamente.

3. Peso de 20 gm de di-isocianato num copo.

4. Peso de 20 gm de diol no segundo copo.

5. Peso 20 gm de pneus de automóvel triturados em pó no terceiro copo

6. O conteúdo retirado dos dois primeiros copos (diisocianato e diol) é vertido instantaneamente no molde.

7. Assim que a espuma começar a expandir, adicionar os 20 gm dos pneus de automóvel triturados.

8. Continuar a misturar suavemente com vareta de vidro.

9. deixar que a espuma de poliuretano seja expandida e seca no molde durante 15 minutos.

10. Remover do molde o compósito de pneus de automóveis desfiados em espuma de poliuretano utilizando espátula.

Figura 3- 9: Poliuretano e 33,3 wt% pneus compostos

3.3.3 Preparação de Poliéster e Pneus de Automóvel Desfiados (50 wt % Espuma de Poliuretano e 50 wt % Pneus de Automóvel Desfiados)

1. Limpar correctamente o molde, depois aplicar quantidades adequadas a partir da vaselina para facilitar

remover o poliuretano do molde.

2. Lavar três copos de 250 ml e deixá-los secar completamente.

3. Peso de 180 g do poliéster até ao copo.

4. Com pipeta adicionar 3 wt% (5,4 g) de activador ao poliéster.

5. Misturar o poliéster e o activador com vareta de vidro para obter uma mistura homogénea.

6. Acrescentar 180 gramas de pneus de automóvel usados triturados.

7. Com outra pipeta limpa adicionar 3 wt% (5,4 g) de iniciador ao poliéster. Cuidado: para evitar

As explosões não misturam directamente o activador com o iniciador.

8. Misturar bem a mistura com vareta de vidro para obter uma mistura homogénea.

9. Colocar a mistura composta no molde de aço.

10. Repetir os passos anteriores do passo 3 ao passo 9 de acordo com o tamanho do molde.

11. Deixar o composto a secar completamente no molde de aço. O tempo de cura leva

cerca de 3 dias para ser completamente curado.

Figura 3- 10: Composto de 50% de poliéster 50% de pneus usados triturados

3.3.4 Preparação de Pneus Compostos de Poliéster e Pneus de Automóvel Desfiados (40 wt % Espuma de Poliuretano e 60 wt % Pneus de Automóvel Desfiados)

1. Limpar correctamente o molde, depois aplicar quantidades adequadas a partir da vaselina para facilitar

remover o poliuretano do molde.

2. Lavar três copos de 250 ml e deixá-los secar completamente.

3. Peso 80 g do poliéster para o copo.

4. Com pipeta adicionar 3 wt% (5,4 g) de activador ao poliéster.

5. Misturar o poliéster e o activador com vareta de vidro para obter uma mistura homogénea.

6. Adicionar 120 gramas de pneus de automóvel usados triturados.

7. Com outra pipeta limpa adicionar 3 wt% (5,4 g) de iniciador ao poliéster. Cuidado: para evitar

As explosões não misturam directamente o activador com o iniciador.

8. Misturar bem a mistura com vareta de vidro para obter uma mistura homogénea.

9. Colocar a mistura composta no molde de aço.

10. Repetir os passos anteriores do passo 3 ao passo 9 de acordo com o tamanho do molde.

11. Deixar o composto a secar completamente no molde de aço. O tempo de cura leva

cerca de 3 dias para ser completamente curado.

Figura 3- 11: 60wt% pneus usados desfiados e 40wt% poliéster

3.3.5 Preparação de Pneus Compostos de Poliéster e Pneus de Automóvel Desfiados (30 wt % Espuma de Poliuretano e 70 wt % Pneus de Automóvel Desfiados)

1. Limpar correctamente o molde, depois aplicar quantidades adequadas da vaselina para facilitar a remoção do poliuretano do molde.

   Lavar três copos de 250 ml e deixá-los secar completamente.

2. Peso 60 g do poliéster para o copo.

3. Com pipeta adicionar 3 wt% (5,4 g) de activador ao poliéster.

4. Misturar o poliéster e o activador com vareta de vidro para obter uma mistura homogénea.

5. Adicionar 140 gramas de pneus de automóvel usados triturados.

6. Com outra pipeta limpa adicionar 3 wt% (5,4 g) de iniciador ao poliéster. Atenção: para evitar explosões, não misturar directamente o activador com o iniciador.

7. Misturar bem a mistura com vareta de vidro para obter uma mistura homogénea.

8. Colocar a mistura composta no molde de aço.

9. Repetir os passos anteriores do passo 3 ao passo 9 de acordo com o tamanho do molde.

10. Usando máquina de compressão, o compósito é comprimido durante 10 minutos em três fases a uma pressão de 50 bar.

11. Deixar o composto a secar completamente no molde de aço. O tempo de cura demora cerca de 3 dias a ser completamente curado.

Figura 3- 12: 70wt% pneus usados desfiados e 30wt% poliéster

3.4 Dimensões dos espécimes

3.4.1 Isolamento Térmico e Teste de Compressão Espécimen

A amostra utilizada para o isolamento térmico tem 5 cm de diâmetro para as amostras de poliéster com pneus e o poliéster puro também com altura de 0,5 cm. A amostra utilizada para o ensaio de compressão tem a dimensão anterior, excepto para a altura, que é de 2 cm.

Figura 3- 13: Amostras de compósitos de pneus de automóveis usados de poliéster e triturados

A amostra utilizada para o isolamento térmico das amostras de espuma de poliuretano com pneus e a espuma de poliuretano puro tem um diâmetro de 5 cm com comprimento de 0,5 cm enquanto que as amostras do teste de compressão são uma amostra cúbica tem uma dimensão de 5 cm.

Figura 3- 15: Espécimes de espuma de poliuretano para compressão

Figura 3- 14: Amostra de isolamento térmico de espuma de poliuretano

3.4.2 Teste de Abrasão Espécimen

A dimensão do espécime é de 5 cm de altura e tem secção transversal quadrada de um cm de comprimento e um cm de largura.

Figura 3- 16: Espécime de ensaio de abrasão

3.5 Dispositivos utilizados

3.5.1 Máquina de ensaios mecânicos

A máquina de tracção foi utilizada para medir a resistência à compressão do material e a forma como responde às tensões de compressão. A máquina de compressão tem duas mandíbulas, a primeira é uma mandíbula fixa e a segunda é uma mandíbula móvel que se move numa direcção em direcção à mandíbula fixa. O dispositivo é ajustado para comprimir as amostras até metade do seu comprimento original. As entradas para o teste da máquina são a carga máxima, a forma da secção transversal das amostras (quadrada, circular ou tubular) e as dimensões da amostra (comprimento, altura, diâmetro).

de acordo com a forma da amostra. As saídas são a resistência à compressão e o alongamento máximo.

Figura 3- 17: Máquina de tracção

A amostra da espuma de poliuretano tem secção transversal quadrada enquanto as amostras do poliéster têm secção transversal circular. As duas imagens seguintes mostram as diferenças entre algumas das amostras antes e depois do teste de compressão.

Figura 3- 18: Espécimes após compressão

Figura 3- 19: Espécimes antes da compressão

3.5.2 Dispositivo de Medição de Isolamento Térmico

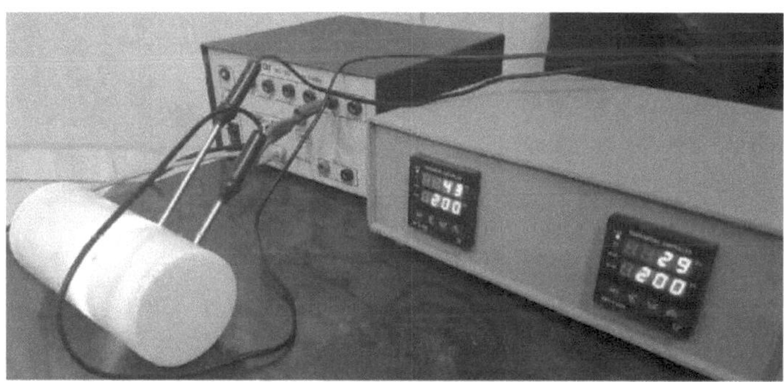

Figura 3- 20: Dispositivo de medição do isolamento térmico

O dispositivo de medição do isolamento térmico utilizado composto por quatro partes principais, a primeira parte é a fonte de alimentação, a segunda parte são os pares térmicos que medem a temperatura, a terceira parte é a parte de teste onde a amostra é aplicada e sujeita ao calor, esta arte é isolada utilizando um teflon de 0,5 cm para evitar perdas de calor para o ambiente circundante. A quarta parte é a leitura do termómetro digital. A potência de alimentação que gerou o calor eléctrico com diferentes tensões de 2 a 12 volts (2 volt, 4 volt, 6 volt, 8 volt, 10 volt e 12 volt) e diferentes amperes correspondentes levando a diferentes quantidades de energia eléctrica. Este circuito tem uma tocha que tem uma energia eléctrica igual a volt multiplicada pelo ampere correspondente. Assumindo que não há perda de todas estas quantidades de energia é convertida em energia térmica utilizando a tocha. A tocha foi utilizada em vez do aquecedor para simular o efeito da luz solar a que o azulejo de isolamento será submetido. A amostra deve ter secção transversal circular com dimensão 50 mm para o diâmetro e uma altura de 0,5 cm. Assim, o factor de isolamento térmico (K) é obtido equalizando as duas equações, Q (watt) = V (volt)* I (ampere) $= \frac{KA\,(T2-T1)}{X}$ onde, A é a secção transversal da amostra em m^2 , K é a condutividade térmica em W/m.°C, T_2 é a temperatura antes do isolamento em °C e T_1 é a temperatura após o isolamento em °C e x é a espessura da amostra em m.

3.5.3 Dispositivo de Teste de Abrasão

O mecanismo de teste de abrasão usado baseia-se na aplicação de carga que empurra o material testado para a roda de aço em movimento que se move com 50 rotações por minuto que está ligada a um motor através de uma engrenagem. O teste mede a perda de quantidade do material sob estas condições. A dimensão da amostra é de três a dez cm de altura e tem uma secção transversal quadrada de um cm de comprimento e um cm de largura. O peso da amostra é medido pela balança antes e depois do teste, a fim de obter a percentagem de perda do material após tempos diferentes. A carga é alterada de dois para cinco quilo gramas.

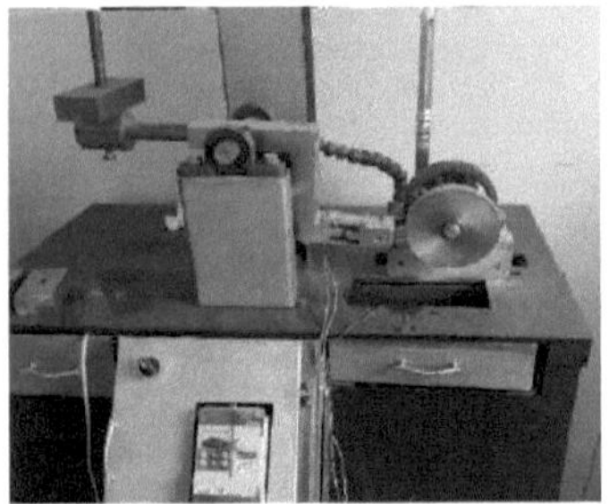

Figura 3 - 21: Máquina de abrasão

Figura 3- 22: Cargas de máquinas abrasivas

3.5.4 Balanço Digital

A balança digital é utilizada para a medição da densidade juntamente com o teste de abrasão.

Figura 3- 23: Balanço digital

Capítulo 4

Resultados e Cálculos

4.1 Cálculo do Isolamento Térmico (factor K)

Quadro 4- 1: Resultados experimentais

Sample	Temperature before insulation (T_2)	Temperature after insulation (T_1)
Pure polyester	66 °C	50 °C
50 wt % polyester 50 wt % shredded used automobile tires composite	60 °C	36 °C
40 wt % polyester 60 wt % shredded used automobile tires composite	60 °C	35 °C
30 wt % polyester 70 wt % shredded used automobile tires composite	61 °C	34 °C
Pure polyurethane foam	85 °C	34 °C
Polyurethane foam with 33 wt % shredded used automobile tires composite	97 °C	40 °C

$$Q\ (\text{watt}) = V\ (\text{volt})^{*}\ I\ (\text{ampere}) = \frac{KA\,(T2-T1)}{X}$$

Onde, A é a área da secção transversal da amostra em m^2 , K é a condutividade térmica em W/m.°C, T2 é a temperatura antes do isolamento em °C e T1 é a temperatura depois do isolamento em °C e x é a espessura da amostra em m.

Toda a amostra tem,

Diâmetro = 50 mm = 0,05 m

Comprimento = 0,5 = cm = 0,005m

I = 0,95 Amp

V = 3.92 Volt

Q = 3,724 Watt

A = (π/4) D2 = 0,001963495 m^2

1.1.1 Cálculo do factor K para a amostra de Poliéster Puro

T1 =50 C^o

T2 = 66 C^o

Assim, K = 0,592693008 W/m. °C

1.1.2 Cálculo do factor Kf para os 50 wt % Poliéster 50 wt % Pneus de Automóveis Usados Rasgados Composto

T1= 36 C°

T2 = 60 C°

Assim, K = 0,395128672 W/m. C

Figura 4-1: Leitura da temperatura para o primeiro composto

1.1.3 Cálculo do factor K para 40 wt % Poliéster 60 wt % Pneus de Automóveis Usados Rasgados Composto

T1 = 35 C°

T2 = 60° CHence, K = 0,379323525 W/m. °C

Figura 4-2: Leitura da temperatura para o segundo composto

1.1.4 Cálculo do factor K para 30 wt % Poliéster 70 wt % Desfiado Usado Composto de Pneus de Automóvel

T1 = 34 C°

T2 = 61 C°

Assim, K = 0,351225486 W/m. °C

1.1.5 Cálculo do factor K para a Amostra de Espuma de Poliuretano Puro

T1 = 34 C°

T2 = 85 °C

Assim, K = 0,185942904 W/m. °C

Figura 4-3:e leitura para espuma de poliuretano puro

1.1.6 Cálculo do factor K para espuma de poliuretano e pneus de automóveis retalhados (66,7 wt % espuma de poliuretano e 33,3 wt % pneus de automóveis retalhados)

T1= 40 C°

T2 = 97 C°

Assim, K = 0,166369967 W/m. °C

Figura 4-4: Leitura de temperatura para poliuretano e pneus de automóveis triturados compostos

4.2 Resultado do Teste de Abrasão

4.2.1 Utilização de carga de 2 kg

Velocidade = 50 rpm

Tempo = 3,5 minutos

Massa da amostra antes do teste = 2,234 gm

Massa da amostra após o teste = 2,228 gm Perdas = ((2,234 - 2,228)/ 2,234) * 100 = 0.269 %

4.2.2 Utilização de carga de 5 kg

Velocidade = 50 rpm

Tempo = 3,5 minutos

Massa da amostra antes do teste = 2,228 gm

Massa da amostra após o teste = 2.205 gm

Perdas = ((2.228- 2.205)/ 2.228) * 100 = 3.366 %

4.3 Resultados do Teste de Compressão

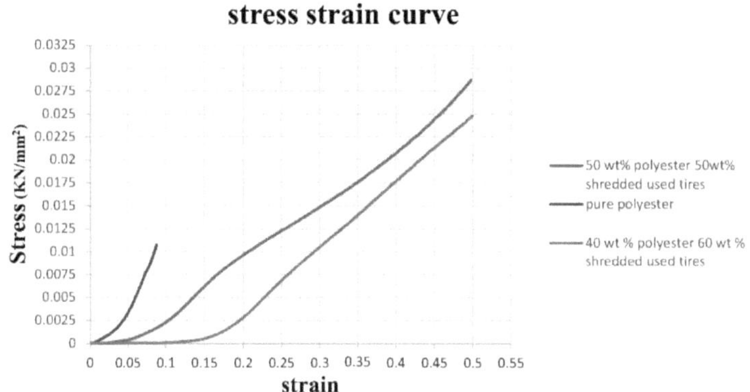

Figura 4- 5: Curva de tensão para poliéster e pneus de automóveis usados compostos

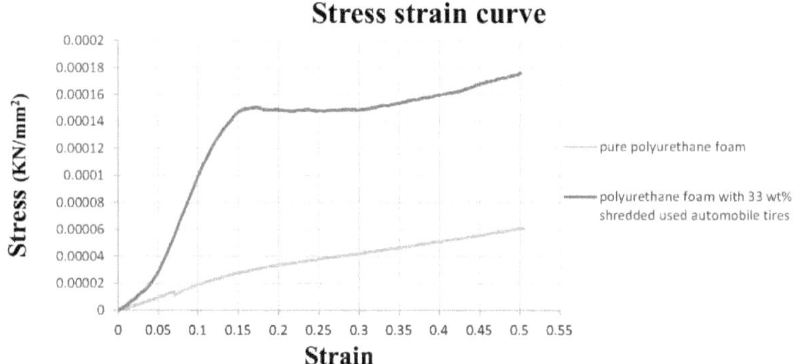

Figura 4- 6: Curva de tensão para espuma de poliuretano puro e espuma com composto de pneus usados triturados

4.4 Medição de Densidade

4.4.1 Cálculo de densidade para a amostra de Poliéster Puro

Massa da amostra = 18,2391 gm

Volume de água = 72 ml

Volume de água depois de adicionar a amostra = 87,5 ml

Volume da amostra = 87,5 - 72 = 15,5 ml

Assim, densidade = Massa / volume = 18.2391 / 15.5 = 1.17671 gm/ml

4.4.2 Cálculo da densidade para os 50 wt % Poliéster 50 wt % Desfiado Usado Composto de Pneus de Automóvel

Massa da amostra = 5,2956 gm

Volume de água = 52 ml

Volume de água depois de adicionar a amostra = 57 ml

Volume da amostra = 57 - 52 = 5 ml

Assim, densidade = Massa / volume = 5.2956 / 5 = 1.059 gm/ml

4.4.3 Cálculo da densidade para 40 wt % Poliéster 60 wt % Desfiado Usado Composto de Pneus de Automóvel

Massa da amostra = 6,399 gm

Volume de água = 51 ml

Volume de água depois de adicionar a amostra = 58 ml

Volume da amostra = 58 - 51 = 7 ml

Assim, densidade = Massa / volume = 6,399/ 7 = 0,9141 gm/ml

4.4.4 Cálculo da densidade para 30 wt % Poliéster 70 wt % Triturado Usado Composto de Pneus de Automóvel

Massa da amostra = 2,4668 gm

Volume de água = 54 ml

Volume de água depois de adicionar a amostra = 57 ml

Volume da amostra = 57 - 54 = 3 ml

Assim, densidade = Massa / volume = 2,4668 / 3 = 0,8222 gm/ml

4.4.5 Cálculo de densidade para a amostra de espuma de poliuretano puro

Massa da amostra = 0,313 gm

Volume de água = 68 ml

Volume de água depois de adicionar a amostra = 78 ml

Volume da amostra = 78 - 68 = 10 ml

Assim, densidade = Massa / volume = 0,313 / 0,5 = 0,0313 gm/ml

4.41.6 Cálculo de densidade para espuma de poliuretano e pneus de automóvel retalhados (66,7 wt % Espuma de poliuretano e 33,3 wt % Pneus de automóvel retalhados)

Massa da amostra = 1,1853 gm

Volume de água = 61 ml

Volume de água depois de adicionar a amostra = 90 ml

Volume da amostra = 90 - 61 = 29 ml

Assim, densidade = Massa / volume = 1.1853 / 29 = 0.0408 gm/ml

Capítulo 5

Análise de custos

5.1 Análise dos custos dos materiais usados

5.1.1 Cálculo de custos para a amostra de Poliéster Puro

- Custo de um kg de poliéster = 50 L.E
- O volume necessário para preencher todo o molde = 1200 ml = 1,2 L
- Densidade de poliéster =1,17671 kg/l
- Massa necessária para tornar o molde completamente cheio= 1,2 x 1,17671 = 1,41205 kg

Portanto, o custo do isolamento = 1,41205 kg x 50 = 70,6026 LE

Assim, o custo é de aproximadamente 71 LE

5.1.2 Cálculo de custos para os 50 wt % Poliéster 50 wt % Pneus de Automóveis Usados Rasgados Composto

- Custo de um kg de poliéster = 50 L.E
- Custo de um kg de pneus de automóvel usados triturados = 2 LE
- O volume necessário para preencher todo o molde = 1200 ml = 1,2 L
- Densidade de 50 wt % poliéster 50 wt % pneus de automóveis usados retalhados compostos =1,059 kg/l
- Massa necessária para tornar o molde completamente cheio= 1,2 x 1,059 = 1,271 kg
- Massa de poliéster = 0,5 x 1,271 = 0,6354 kg
- Massa de pneus de automóvel usados retalhados = 0,5 x 1,271 = 0,6354 kg
- Portanto, o custo do isolamento = 1,271 x 50 + 2 x 1,271 = 66,00 LE
- Assim, o custo é de aproximadamente 66 LE

5.1.3 Cálculo de custos para os 40 wt % Poliéster 60 wt % Pneus de Automóvel Usados Desfibrados Compostos

- Custo de um kg de poliéster = 50 L.E
- Custo de um kg de pneus de automóvel usados triturados = 2 LE
- O volume necessário para preencher todo o molde = 1200 ml = 1,2 L
- Densidade de 40 wt % poliéster 60 wt % pneus de automóveis usados retalhados compostos =0,9141 kg/l

- Massa necessária para tornar o molde completamente cheio= 1,2 x 0,9141 = 1,09692 kg
- Massa de poliéster = 0,4 x 1,09692 = 0,4388 kg
- Massa de pneus de automóvel usados retalhados = 0,6 x 1,271 = 0,6582 kg
- Portanto, o custo do isolamento = 0,4388 x 50 + 2 x 0,6582 = 23,2564 LE

Assim, o custo é de aproximadamente 23,5 LE

5.1.4 Cálculo de custos para os 30 wt % Poliéster 70 wt % Pneus de Automóveis Usados Rasgados Composto

- Custo de um kg de poliéster = 50 L.E
- Custo de um kg de pneus de automóvel usados triturados = 2 LE
- O volume necessário para preencher todo o molde = 1200 ml = 1,2 L
- Densidade de 30 wt % poliéster 70 wt % pneus de automóveis usados retalhados compostos =0,8222 kg/l
- Massa necessária para tornar o molde completamente cheio= 1,2 x 0,8222 = 0,98664 kg
- Massa de poliéster = 0,3 x 0,98664 = 0,295992 kg
- Massa de pneus de automóvel usados retalhados = 0,7 x 0,98664 = 0,691 kg
- Portanto, o custo do isolamento = 0,295992 x 50 + 2 x 0,691 = 16,38 LE
- Assim, o custo é de aproximadamente 16,5 LE

5.1.5 Custo da espuma de poliuretano puro

- Custo de um kg de di-isocianato = 1500 L.E
- Custo de um kg de diol = 1500 L.E
- Densidade da espuma de poliuretano utilizada = 0,0313 kg/l
- Massa de espuma de poliuretano = 0,05008 kg
- Custo do di-isocianato necessário = 0,05008 x 1500 x 2 = 150,24 L.E
- Custo total aproximado do molde = 150,25 L.E

5.1.6 Custo da espuma de poliuretano e do compósito de pneus de automóveis triturados (66,7 wt % Espuma de Poliuretano e 33,3 wt % Pneus de Automóvel Desfibrados)

- Custo de um kg de di-isocianato = 1500 L.E
- Custo de um kg de diol = 1500 L.E

- Custo de um kg de pneus de automóvel usados triturados = 2 L.E
- Massa de espuma de poliuretano = 0,67 x 0,05008 = 0,03355 kg
- Custo de utilização de espuma de poliuretano = 0,03355 x 3000 = 100,668 L.E
- Massa de pneus de automóvel usados retalhados = 0,05008 x 0,33 = 0,0165 kg
- Custo do isolamento por molde = 0,0165 x 2 + 100,668 = 100,7 L.E
- Custo total aproximado do molde = 101 L.E

Capítulo 6

Discussão

6.1 K Valores do Factor

O isolamento térmico é a capacidade do material para prevenir ou reduzir a transferência de calor através do material isolante ou entre o objectivo termicamente contactado. Factor K que mede a capacidade de qualquer material para conduzir o calor, por isso, é chamado factor de condutividade térmica. Todos os materiais condutores térmicos como os metais têm um elevado valor de condutividade térmica enquanto que os materiais isolantes têm um valor de condutividade térmica inferior a um. Quanto mais baixo for o valor de K, mais eficiente é o material isolante.

A partir do trabalho experimental realizado,

- O factor K da amostra de poliéster puro é 0,5927 W/m. C°
- O factor K do 50 wt % poliéster 50 wt % pneus de automóveis usados retalhados é de 0,3951 W/m.C
- Factor K de 40 wt % poliéster 60 wt % pneus de automóveis usados retalhados composto é 0,3793 W/m.C
- Factor K de 30 wt % poliéster 70 wt % pneus de automóveis usados retalhados composto é 0,3512 W/m.C
- O factor K da amostra de espuma de poliuretano puro é 0,1859 W/m.C
- O factor K de espuma de poliuretano e pneus de automóveis retalhados (66,7 wt % de espuma de poliuretano e 33,3 wt % de pneus de automóveis retalhados) é de 0,1663 W/m.C.

É evidente que, a adição dos pneus de automóvel usados retalhados quer à espuma de poliuretano quer ao poliéster reduz o factor K, o que indica que, o isolamento térmico é aumentado pela adição dos pneus de automóvel usados retalhados. Como o isolamento térmico do poliéster é aumentado de 6 para 7%, adicionando apenas 10 wt% de pneus de automóvel usados retalhados. Por outro lado, a adição dos pneus de automóvel usados triturados em 33 wt% à espuma de poliuretano aumenta o isolamento térmico em 10,54%.

6.2 Resistência à Abrasão

As amostras do composto de poliéster e pneus de automóveis usados retalhados têm de ser revestidas com uma camada de poliéster, uma vez que pode ser usado como tijolos e aplicado directamente nos pisos. Assim, a resistência à abrasão foi medida utilizando uma carga de 2 kg e uma carga de 5 kg por 3,5 abaixo da taxa de 50 rpm, resultando em perdas de 0,269 % e 3,366 % respectivamente. Segundo a literatura, as perdas de espuma de uretano boly sob estas condições são de 20 e 30 % respectivamente. Por conseguinte, é aplicada como uma camada sob uma camada de betão, a fim de proteger a espuma de poliuretano da abrasão.

6.3 Resultados do Teste de Compressão

A partir dos resultados experimentais, descobriu-se que a adição dos pneus de automóveis usados retalhados aumenta as propriedades emborrachadas dos materiais. A fim de comparar entre as amostras, a máquina de tracção foi ajustada para fazer o teste de compressão até as amostras serem comprimidas a metade do seu comprimento original. A amostra do composto de 50 wt % poliéster 50 wt % pneus de automóvel usados retalhados falha antes de comprimir a 10% do seu comprimento original. A amostra de 40 wt % poliéster 60 wt % pneus de automóveis usados retalhados compósito e a amostra de 30 wt % poliéster 70 wt % pneus de automóveis usados retalhados compósito não falhou devido à adição de borracha em quantidades mais elevadas. A compressão à deformação de 50% em relação ao comprimento original para a amostra de 40 wt % poliéster 60 wt % pneus de automóveis usados retalhados compósito é de 0,028 kN/mm^2 enquanto a compressão à deformação de 50% em relação ao comprimento original para a amostra de 30 wt % poliéster 70 wt % pneus de automóveis usados retalhados compósito é de 0,025 kN/mm^2 . Consequentemente, a adição dos pneus de automóveis usados retalhados aumenta as propriedades mecânicas da espuma de poliuretano. Ao adicionar 33 wt% de pneus de automóvel usados retalhados, a tensão de compressão necessária para comprimir a amostra para metade do seu comprimento original foi aumentada de 0,00006 kN/mm^2 que é a resistência à compressão da amostra pura da espuma de poliuretano até atingir 0,000175 kN/mm^2 ao adicionar os pneus usados retalhados. A resistência à compressão da espuma de poliuretano foi aumentada através da adição dos pneus de automóveis usados retalhados à medida que preenchia os vazios da espuma de poliuretano.

6.4 Densidade e custo

O poliéster é portanto um líquido viscoso e pesado; a adição dos pneus de automóveis usados retalhados reduz a sua densidade. Em contraste, a espuma de poliuretano é portanto um polímero leve; a adição dos pneus de automóveis usados retalhados aumenta a sua densidade. Assim, o poliéster e o composto retalhado dos pneus de automóveis usados pode aumentar as cargas no edifício, levando a um custo de construção mais elevado devido ao aumento da carga no telhado. A partir desse ponto, a espuma de poliuretano e o composto retalhado de pneus de automóveis usados é mais aplicável para ser utilizado como isolamento térmico para telhados, além da sua elevada eficiência no isolamento do calor. Por outro lado, o preço dos pneus de automóvel usados retalhados é muito barato, uma vez que custa apenas 2 LE por um quilograma. Assim, a redução de custos é de 33% em comparação com o poliuretano puro.

Capítulo 7

Conclusão

Actualmente, a espuma de poliuretano é utilizada como isolamento térmico eficiente. Contudo, o fabrico da espuma de poliuretano não pode causar problemas ambientais graves, a espuma de poliuretano não contribui para ter uma terra mais verde. De acordo com as informações mencionadas e declaradas neste relatório, a utilização dos pneus de automóveis usados retalhados e usados pode trazer um benefício ambiental principal, uma vez que a acumulação destes pneus usados a granel causa muitos problemas, ao mesmo tempo que se livra deles, fazendo com que as taxas de poluição sejam elevadas. Assim, os pneus de automóveis usados retalhados foram adicionados tanto à espuma de poliéster como à espuma de poliuretano. Os compósitos preparados e testados foram 50 wt % poliéster 50 wt % pneus de automóveis usados retalhados compósito, 40 wt % poliéster 60 wt % pneus de automóveis usados retalhados compósito, 30 wt % poliéster 70 wt % pneus de automóveis usados retalhados compósito e finalmente, 66,7 wt % espuma de poliuretano e 33,3 wt % pneus de automóveis retalhados. Teste de isolamento térmico, teste de compressão, medição de densidade, teste de abrasão foi feito a todos estes compósitos e medir o efeito da adição dos pneus de automóveis usados retalhados a estes polímeros. O composto de 66,7 wt % espuma de poliuretano e 33,3 wt % pneus de automóveis retalhados foi a melhor escolha para ser usado, pois proporciona um isolamento térmico eficiente de 0,1663 W/m.C. Também tem uma baixa densidade de 0,0313 kg/l. Além disso, a adição de pneus de automóveis usados triturados reduz o custo em 33%. Além disso, a resistência à compressão da espuma de poliuretano foi aumentada pela adição dos pneus de automóveis usados retalhados, uma vez que estes preenchiam os vazios da espuma de poliuretano. Por outro lado, os pneus usados retalhados e a espuma de poliuretano são materiais à prova de água, mas os pneus de automóveis são materiais altamente inflamáveis, portanto, o reagente retardador de chama tem de ser adicionado ao poliuretano e ao compósito de automóvel usado retalhado como precaução de segurança do edifício. Finalmente, o projecto cumpre o seu objectivo ao fornecer material de isolamento térmico económico ambiental baseado em pneus de automóveis usados retalhados que tem um bom efeito de isolamento para além das propriedades mecânicas aceitáveis.

Bibliografia

Anglin, C., Wyss, U. P., & Pichora, D. R. (2000). Teste mecânico das próteses de ombro e recomendações para o desenho da glenoide. *Journal of Shoulder and Elbow Surgery*, *9*(4), 323- 331. https://doi.org/10.1067/mse.2000.105451

Bardana, D. D., Burks, R. T., West, J. R., & Greis, P. E. (2003). O efeito do desenho e orientação da âncora de sutura na abrasão da sutura: Um estudo in vitro. *Arthroscopy - Journal of Arthroscopic and Related Surgery*, *19*(3), 274-281. https://doi.org/10.1053/jars.2003.50032

Bondy, J. A., & Murty, U. S. R. (2008). Teoria dos Gráficos. https://doi.org/10.1017/CBO9781107415324.004

Costa, V. C., Aquino, F. W. B., Paranhos, C. M., & Pereira-Filho, E. R. (2017). Identificação e classificação de resíduos electrónicos de polímeros utilizando espectroscopia de decomposição induzida por laser (LIBS) e ferramentas quimiométricas. *Teste de polímeros*, *59*, 390-395. https://doi.org/10.1016/j.polymertesting.2017.02.017

D. Q. Kern. (1983). Processo de transferência de calor.

Demiroglu, S., Erdogan, F., Akin, E., Karavana, H. A., & Seydibeyoglu, M. O. (2017). Espuma rígida de poliuretano reforçado com fibra natural. *Gazi University Journal of Science*, *30*(2), 97- 109.

Hejna, A., Kopczynska, M., Kozlowska, U., Klein, M., Kosmela, P., & Piszczyk, L. (2016). Compostos de espuma de poliuretano com diferentes tipos de cinzas - avaliação do comportamento morfológico, mecânico e térmico. *CellPolym,* 35(6), 287-308.

Hove, S. Van Den, Mcglade, J., Mottet, P., Depledge, M. H., Reinisch, C., Kofler, M. J., ... Sobre, N. (2011). C Onvengao -Q Uadro Das N Agoes U Nidas Sobre M Udanga Do C Lima. *Exergy, An International Journal*, *2*(1), 1-132. https://doi.org/620.9:553.04(81)

Huges, W. J. (2005). Inflamabilidade do polímero. *National Technical Information*, (Maio), 1-82. https://doi.org/DOT/FAA/AR-05/14

Hutmacher, D., Schantz, T., Zien, I., Ng, K. W., Teoh, S. H., & Tan, K. C. (2001). Propriedades mecânicas e resposta cultural celular dos andaimes de polycalrolactone concebidos e fabricados através de modelação de deposição fundida. *Journal of Biomedial Materials Research*, *55*(Setembro 2015), 203-216. https://doi.org/10.1002/1097-4636(200105)55

Kaushika, N. D., & Sumathy, K. (2003). Materiais isolantes solares transparentes: Uma revisão. *Renewable and Sustainable Energy Reviews (Revisões de Energia Renovável e Sustentável)*, *7*(4), 317-351. https://doi.org/10.1016/S1364-0321(03)00067-4

Naskar, A. K., Mukherjee, A. K., & Mukhopadhyay, R. (2004). Estudos sobre cordas de pneus: Degradação do poliéster devido à fadiga. *Degradação e estabilidade do polímero*, *83*(1), 173180. https://doi.org/10.1016/S0141-3910(03)00260-X

Ohman, C., Baleani, M., Perilli, E., Dall'Ara, E., Tassani, S., Baruffaldi, F., & Viceconti, M. (2007). Teste mecânico do osso esponjoso da cabeça femoral: Erros experimentais devidos a medições fora do eixo.

Journal of Biomechanics, *40*(11), 2426-2433. https://doi.org/10.1016/j.jbiomech.2006.11.020

Papadopoulos, A. M. (2005). O estado da arte em materiais de isolamento térmico e objectivos para desenvolvimentos futuros. *Energia e Edifícios*, *37*(1), 77-86. https://doi.org/10.1016/j.enbuild.2004.05.006

Parres, F., Crespo-Amoros, J. E., & Nadal-Gisbert, A. (2009). Análise das propriedades mecânicas do gesso reforçado com fibras e microfibras obtidas a partir de pneus triturados. *Materiais de Construção e Construção*, *23*(10), 3182-3188. https://doi.org/10.1016/j.conbuildmat.2009.06.040

Petter, B., & Ab, J. (2018). Materiais e Soluções de Isolamento Térmico de Edifícios Tradicionais, de Estado da Arte e Futuros - Propriedades, Requisitos e Possibilidades, 1-26. Obtido em https://brage.bibsys.no/xmlui/bitstream/handle/11250/2436166/Traditional%2BState- do... Art%2Band%2BFuturo%2BThermal%2BBBuilding%2BInsulation%2BMaterials%2Band %2BSolutions%2B- %2BProperties%2BRequirements%2Band%2BPossibilities57823.pdf?sequence=1

Rogers, T. H., & Fruzzetti, R. E. (2007). Flame Retardance of Rubbers (Retardamento da chama das borrachas).

Shulman, V. L. (2015). *Fabrico de Reciclagem de Pneus.* Obtido em http://www.tyrerecyclingmanufacturing.com/index.php

Siew, A. (2016). Polímeros, (Julho).

Terada, M., Escriba, D. M., Costa, I., Materna-Morris, E., & Padilha, A. F. (2008). Investigação sobre a resistência à corrosão intergranular do aço inoxidável AISI 316L(N) após longos ensaios de fluência a 600 °C. *Caracterização de materiais,* 59(6), 663-668. https://doi.org/10.1016/j.matchar.2007.05.017

Transferência, R. H. (2018). Semi-.Anual S t a t u s, 3-5.

Tsang, C. W., Yam, M., & Gates, D. P. (2003). A polimerização de adição de uma ligação P=C: Uma rota para novos polímeros de fosfina. *Journal of the American Chemical Society*, *125*(6), 1480-1481. https://doi.org/10.1021/ja029120s

Printed by Books on Demand GmbH, Norderstedt / Germany